普通高等教育物联网工程专业系列教材

畜禽物联网理论、技术及应用

尹　武　编著

西安电子科技大学出版社

内容简介

本书从理论、技术、应用三个方面对畜禽物联网进行详细阐述，以畜禽物联网的概念、网络架构、关键技术、应用场景、相关政策、安全保障、国内外发展情况等内容构建基础理论框架；从信息感知、传输、处理和应用三个方面阐述畜禽物联网的技术原理及作用；对设施畜禽养殖、精准放牧、畜禽疾病防控、畜禽生态环境保护、畜禽产品溯源、畜禽业金融、畜禽业电子商务等应用领域进行介绍。

本书可以作为高等院校物联网类专业及智慧畜禽业专业的教材。书中的很多研究成果已在广东、湖南、陕西等多个省市进行了产业化示范应用，可以为畜禽物联网研究和产业化以及新型商业模式的发展提供一定的参考和指导。

图书在版编目(CIP)数据

畜禽物联网理论、技术及应用/尹武编著. —西安：西安电子科技大学出版社，2022.5

ISBN 978-7-5606-6447-7

Ⅰ. ①畜… Ⅱ. ①尹… Ⅲ. ①物联网—应用—畜禽—饲养管理—高等学校—教材 Ⅳ. ①S815-39

中国版本图书馆 CIP 数据核字(2022)第 061092 号

策　　划　毛红兵　刘小莉
责任编辑　张　玮
出版发行　西安电子科技大学出版社(西安市太白南路 2 号)
电　　话　(029)88202421　88201467　　邮　　编　710071
网　　址　www.xduph.com　　电子邮箱　xdupfxb001@163.com
经　　销　新华书店
印刷单位　陕西天意印务有限责任公司
版　　次　2022 年 5 月第 1 版　2022 年 5 月第 1 次印刷
开　　本　787 毫米×1092 毫米　1/16　印张　9.5
字　　数　219 千字
印　　数　1～1000 册
定　　价　25.00 元
ISBN 978-7-5606-6447-7/S

XDUP 6749001-1

＊＊＊如有印装问题可调换＊＊＊

前　言

近年来，农业物联网研究和应用在世界范围内都取得了极大的进展，农业物联网大数据研究及应用也获得了很大的发展，但是农业模式的多样性和产业化问题也给农业物联网应用企业和相关管理部门带来了困惑。迄今为止在畜禽教学和应用领域，还没有较为系统的畜禽类物联网养殖技术应用书籍出版。

本书是根据作者近二十年来物联网、大数据及人工智能技术的研究和产业化经验以及近十年来的最新成果编写而成的，系统介绍了畜禽溯源、农业无人机和无人农场、畜禽传感器技术分析及应用、国内外畜禽物联网最新发展技术、人工智能、畜禽养殖物联网产业化案例、物联网云平台、最新无线传感网络及无线宽带移动通信技术的深入应用、智慧畜牧家禽信息化和产业化成果等相关内容。本书简化了较为繁琐的理论内容，重点对技术和产业化内容进行了详细介绍，并提供了很多案例，可读性强，适合畜禽物联网研究和相关产业人员阅读和应用。书中的很多研究成果已在国内多个省市地区进行了产业化应用示范，可为畜禽物联网产业化的发展提供一定的分析和指导，也可用于指导畜禽物联网的养殖加工及经营、畜禽行业管理、农业物联网方面的学习和研究。

本书中的大部分内容来自作者及其团队多年来的研究成果、实践经验以及近十年承担的农业物联网项目，包括中华人民共和国商务部深圳嘉康惠宝肉菜溯源试点项目等，其中数项农业物联网研究成果和应用案例曾作为联合国粮农组织和国际电信联盟(FAO＋ITU)优秀智慧农业案例，得到了国内外数字农业业界的高度认可。

在编写本书的过程中，作者获得了多位专家及领导(包括国际电信联盟协调官 Ashish、联合国粮农组织协调官 Gerard 及广东省农业厅杨志平副厅长等)的支持和鼓励。联合国粮农组织和国际电信联盟的智慧农业联盟，中国标准化研究院、国内知名农业大学、广东省农业农村厅、深圳市市场监督管理局农业处、原深圳市经济贸易和信息化委员会商务处等管理部门，以及温氏集团、唐人神集团、深圳市嘉康慧宝肉业有限公司等合作伙伴也给予了极大支持和鼓励，对此深表谢意。作者的研究生团队成员陈璐、马璐等参与了初稿的整理和文字勘误工作。西安电子科技大学出版社副总编辑毛红兵对本书的出版给予了极大支持并提供了宝贵建议。另外，本书的编写还参考了业界的最新研究成果和相关技术资料。在此，作者向所有提供帮助的相关人员一并表示感谢。

畜禽物联网涵盖的知识范围极为广泛，是一个跨学科、跨领域的综合体系，各种技术仍处于快速发展和演变阶段，限于作者的经验和水平，加之编写时间较为仓促，书中难免存在不足之处，恳请读者批评、指正。

作　者

2022 年 1 月

目　录

第 1 章　畜禽物联网概述

1.1　畜禽物联网的概念

1. 物联网

物联网(Internet of Things，IoT)这一概念由美国麻省理工学院的 Kevin Ashton 教授于 1999 年提出，最初是指基于射频识别(Radio Frequency Identification，RFID)技术的物流网络，后来逐渐演变为一种涵盖信息感知、传输、处理和应用的跨领域、跨学科的综合性技术体系。

2. 畜禽物联网

畜禽物联网是应用于畜禽业领域(包括畜禽养殖、养殖设备管理、畜禽产品加工、畜禽产品流通以及销售管理等所有环节)，集信息感知、无线传输、智能处理、预警发布、决策支持、远程自动控制等功能于一体的物联网。畜禽物联网通过传感器感知、无线视频监控、北斗/GPS 定位、区块链、人工智能、云平台大数据等方式，获取与养殖环境、畜禽生长状况、养殖设备运行、畜禽产品加工、畜禽产品流通等相关的信息；以无线传感网络、移动通信网络等作为信息传输通道完成对信息的可靠传输；数据经融合处理后，依据数据处理结果在终端管理平台对环境、畜禽、设备、畜禽产品等进行科学管理，推动畜禽生产科学化、生产设备智能化、技术操作自动化、管理决策信息化，进而实现畜禽业优质、高产、高效、安全的发展目标。

1.2　畜禽物联网网络架构

畜禽物联网网络架构如图 1-1 所示，它包含感知层、传输层、处理层和应用层。

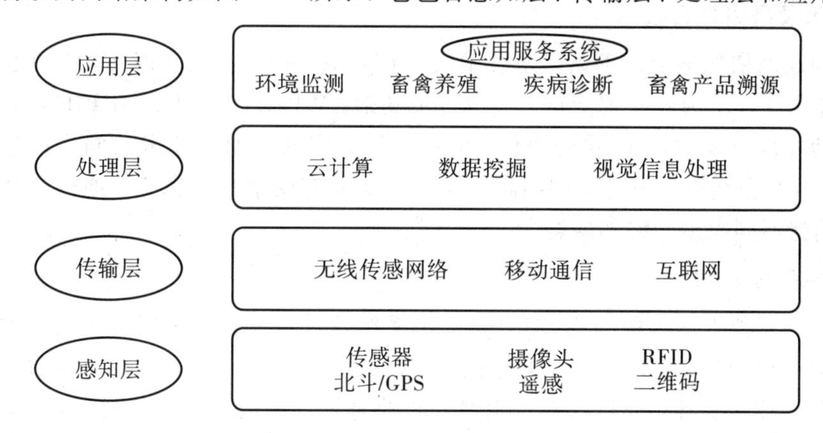

图 1-1　畜禽物联网网络架构

1. 感知层

畜禽物联网感知层通过传感器、摄像头、RFID、北斗/GPS、遥感、二维码等技术和装置采集畜禽业场景中的环境条件、畜禽体征、产品状态等静态及动态信息。例如使用传感器采集温度、湿度、二氧化碳、氨气、硫化氢等畜禽养殖环境参数；利用RFID技术标识畜禽个体；通过摄像头捕捉畜禽生产过程的画面；通过北斗/GPS、RFID、无线宽带和窄带通信组网等技术对畜禽产品物流运输过程进行管理；使用遥感技术获取畜禽资源信息；用二维码存储畜禽产品溯源信息等。

2. 传输层

传输层通过网络基础设施完成由感知层向处理层的信息传递，主要通过ZigBee、Wi-Fi、RFID、蓝牙等实现数据的近距离传输，数据远距离传输则多利用GPRS、LoRa、4G、5G等技术完成。

3. 处理层

处理层接收数据并进行存储和分析。云计算、数据挖掘、视觉信息处理等是处理层的关键技术，这些技术通过对海量数据进行智能处理，满足应用层各种应用的基础需求。

4. 应用层

应用层直接面向终端用户，根据用户需求建设具体的应用服务系统，实现物联网与畜禽行业的深度融合。具体的应用服务系统包括环境监测系统、畜禽养殖系统、疾病诊断系统、畜禽产品溯源系统等，分别为畜禽业生产发展提供相应类型的服务。

1.3 畜禽物联网关键技术

1. 感知技术

信息感知、传输、处理及应用是畜禽物联网的关键组成部分，其中信息感知是实现畜禽物联网智能信息化的基础。通过传感器、无线视频监控、红外探测、北斗/GPS定位等感知技术搭建监控网络，获取畜禽养殖环境数据、畜禽生长状况信息等，准确、稳定地反映真实的畜禽生产情况，为畜禽物联网信息传输、处理和应用提供原始数据。

2. 通信及网络融合技术

畜禽物联网依托通信及网络融合技术实现对多源异构数据的实时传输，并且保证数据传输过程不被干扰，为开展智能化分析奠定了基础。WLAN、ZigBee、RFID和蓝牙等短距离无线通信技术以及4G/5G移动通信、卫星通信等广域网通信技术共同将信息传输到远程服务器。在信息传输过程中，网络融合技术以实际应用情况为依据，通过灵活有效的组网方式，确保不同类型网络的融合。

3. 信息处理技术

畜禽物联网数据的多源异构、跨平台、跨系统等特征明显，采用传统的技术手段难以对这些数据进行处理。云计算、数据挖掘、优化算法、机器学习等为畜禽物联网数据处理提供了重要的技术支撑，通过这些技术对采集的海量数据进行智能处理和分析，最终将处理结果加以应用，建设畜禽生产管理所需的应用系统。

1.4　畜禽物联网的主要应用场景

畜禽物联网是现代化畜禽业发展的重要支撑，能为解决畜禽业痛点提供动力，为畜禽业打造增值空间。畜禽物联网的主要应用场景包括以下几个方面。

1. 养殖环境监测

环境监测系统通过各种类型的传感器对畜禽养殖环境进行监测，获取温度、湿度、CO_2、NH_3、H_2S 以及 PM2.5 颗粒物等环境参数的信息。这些信息通过无线或有线网络实时传送到后台处理中心，用于分析畜禽生长与环境的关系，为调节养殖环境提供依据。

2. 设备智能控制

在传感器实时采集环境、畜禽状态等信息的前提下，系统结合阈值信息，自动向环境调节设备、饲喂设备等发送动作指令，创造适合畜禽生长的养殖条件，从而达到增加畜禽养殖量、调节生长周期、降低人工成本等目的。

3. 畜禽生长监测

畜禽的行为体征及其养殖环境是持续变化的，使用传感器、红外探测装置、摄像头等设备对畜禽的生命体征、行为状态等进行实时监测，数据及视频画面可在系统管理平台直观地显示出来供养殖人员查看。养殖人员可以根据畜禽的实际情况对养殖环境进行调整，使其能满足畜禽生长的需求。基于畜禽的年龄、体重变化、饮水量及饲料消耗量、料肉比等数据，养殖人员可对养殖方式、管理程序等进行调整，如对饲养用料、防疫用药等进行合理管控，开展标准化养殖。

4. 畜禽个体编码标识

将与畜禽个体相关的信息(如畜主信息、畜禽生理特征、养殖记录、免疫记录等)写入 RFID 芯片中，对畜禽个体进行编码标识。养殖人员使用无线手持终端识别嵌入了 RFID 芯片的畜禽耳标，即可获取写入芯片中的信息，据此对畜禽个体的饮食、防疫等进行针对性管理，也可以将这些信息用于建立畜禽产品溯源系统，实现追溯到畜禽个体的畜禽产品质量安全溯源。目前国内已有企业能够自主生产 RFID 芯片，并制定了相关技术规范，且获得了国际动物编码委员会(International Committee for Animal Recording，ICAR)的认证，打破了进口芯片的垄断局面，降低了 RFID 的使用成本。

5. 异常情况报警提示

物联网管理平台与养殖场布设的传感器和环境调节设备相连，当传感器采集的数据超出预先设定的阈值范围时，预警系统自动通过短信、邮件等形式发送报警信号，养殖人员可以及时发现所监控养殖环境或畜禽的异常情况，分析具体原因，采取相应的处理措施。当养殖环境内出现温、湿度异常及有害气体浓度过高等情况时，物联网管理平台也可以根据报警信息自动开启、关闭环境调节设备，对养殖环境进行智能调节。

6. 数据分析与预算

物联网养殖管理系统实时采集畜禽养殖过程中产生的数据，包括畜禽养殖环境参数、畜禽生长情况、饲料及用药成本等，系统自动对数据进行处理、分析及预算，生成数据分析报告，并以图表等直观的形式显示出来，为环境调节、饲料及种源的选择与改进等提供数据参照。专家诊断系统可以根据前端感知设备采集的畜禽生理状况等数据，分析判断畜禽是否存在健康问题，并在问题出现时提供相应的处理对策。

7. 畜禽产品溯源

运用物联网技术对所有畜禽产品进行独立标识，监控其产业链上的每一个环节，从而形成从畜禽产品生产源头到消费者、从消费者到畜禽产品生产源头的双向质量追溯体系。消费者用手机扫描畜禽产品包装上的溯源码或登录追溯查询网站即可得到与畜禽产品有关的详细信息，畜禽产品质量安全监管部门、生产企业同样可以采用这种方法获取溯源服务。

1.5 畜禽物联网相关政策

2020 年 9 月，国务院办公厅印发《关于促进畜禽业高质量发展的意见》，其中提出要提升畜禽业信息化水平，加强大数据、人工智能、云计算、物联网、移动互联网等技术在畜禽业的应用，提高养殖环境调控、畜禽精准饲喂、畜禽疫病监测、畜禽产品追溯、畜禽产品市场动态跟踪监测等方面的智能化水平；同时加强畜禽业信息资源整合，推进畜禽养殖档案电子化和全产业链信息化闭环管理，支持第三方机构以信息数据为基础为畜禽生产提供技术、营销、金融等服务。

关于畜禽产品追溯，早在 2010 年，中华人民共和国商务部已在大连、上海、南京、无锡、杭州、宁波、青岛、重庆、昆明、成都十个城市开展肉类蔬菜流通追溯体系建设试点，并制定了《全国肉类蔬菜流通追溯体系建设规范(试行)》，推动落实肉类蔬菜流通追溯体系试点建设，明确了试点工作的任务和要求。追溯体系建设规范在建设目标、基本原则、总体框架、追溯流程等方面作了明确规定。

1. 建设目标

在法规标准范围内和在发展现代流通方式的基础上，凭借信息技术手段建设肉类蔬菜流通追溯体系。该追溯体系以中央、省、市三级核心追溯管理平台连接生猪屠宰、批发、零售、消费各环节的追溯系统，重点保障追溯链条的完整性，实现肉类蔬菜来源、去向及责任主体的可追溯，让政府、行业、消费者共同参与食品安全保障过程。

2. 基本原则

肉类蔬菜流通追溯体系建设基本原则涉及技术标准、技术模式、交易流程、目标制定四个方面。

(1) 技术标准。规范要求全部追溯体系建设试点城市应遵循商务部制定的统一标准，在追溯采集指标、编码规则、传输格式、接口规范、追溯规程五个方面保持一致，为信息互联互通提供保障。

(2) 技术模式。综合考虑技术成熟度和成本控制难度，主要以 IC 卡作为追溯信息传递载体，实现各流通节点的信息关联，同时鼓励各地区结合其实际条件，探索多元化的信息采集及传递模式，如 RFID、CPU 卡、条码等，形成符合个体情况的信息化解决方案。

(3) 交易流程。推进交易流程信息化(如实行电子化结算)，推行索证索票、购销台账制度的电子化，建立法规制度加强对市场主体的管理，提高经营者经营管理自律水平，为行业管理和执法监管提供支撑。

(4) 目标制定。以升级追溯技术、扩大追溯体系覆盖面为主要目标，在现阶段的追溯体系建设过程中构建合理的技术架构，预留技术升级空间，同时加快发展现代流通方式，将流通环节一并纳入追溯体系。

3. 总体框架

整个肉类蔬菜流通追溯体系包含由生猪来源、生猪屠宰、肉菜批发、肉菜零售、肉菜消费追溯组成的流通节点追溯子系统，城市追溯管理平台，省级追溯管理平台(视实际情况建设)，中央追溯管理平台。其中，追溯信息逐级传递。肉类蔬菜追溯体系总体架构如图1-2所示。

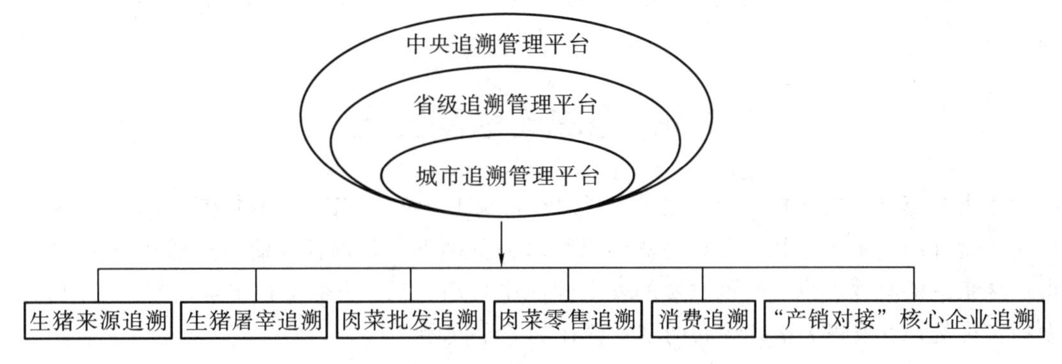

图1-2　肉类蔬菜追溯体系总体架构

(1) 中央追溯管理平台。中央追溯管理平台作为追溯体系运行指挥调度中心、试点城市间的信息交换中心和全国追溯信息集中管理中心，发挥全国流通节点主体信息汇总、各试点城市追溯信息汇总、试点城市管理考核、全国追溯信息综合分析利用、公共信息服务提供的功能。

(2) 省级追溯管理平台。省级追溯管理平台负责监控本省试点城市追溯体系运行情况，承担全省追溯数据汇总、相关数据开发利用、城市监督考核的功能。该平台建设与否取决于省内追溯体系建设城市数量和实际工作需求。

(3) 城市追溯管理平台。城市追溯管理平台作为城市追溯信息的集中管理中心和追溯体系运行控制中心，与中央、省级追溯管理平台以及各流通节点追溯子系统互联互通，具备汇总全市流通节点主体信息、汇总全市追溯信息、支持应急事件快速处置、监控管理各流通节点、综合分析利用城市追溯信息、提供综合信息服务的功能。

(4) 流通节点追溯子系统。流通节点追溯子系统包含生猪来源环节追溯子系统、生猪屠宰环节追溯子系统、肉类蔬菜批发环节追溯子系统、肉类蔬菜零售环节追溯子系统、消费环节追溯子系统、“产销对接”核心企业追溯子系统，与城市追溯管理平台连接，发挥规范各个环节交易流程的作用。

4. 追溯流程

(1) 生猪屠宰环节追溯。该追溯环节以移动式或固定式追溯信息读写机具作为信息录入设备，覆盖生猪进厂、屠宰、检疫、检验、肉品出厂等重要环节。

(2) 肉类蔬菜批发环节追溯。该追溯环节以移动式追溯信息读写机具为录入设备，以智能溯源秤或标签电子秤作为输出设备，覆盖肉类蔬菜进场、监测、交易、结算等关键环节。

(3) 肉类蔬菜零售环节追溯。该追溯环节以智能溯源秤或标签电子秤作为信息对称控制手段，包含入场摊户备案、肉类蔬菜入场确认、肉类蔬菜检测登记、肉类蔬菜交易打单、信息传送等环节。

(4) 消费环节追溯。该环节主要承担消费者信息查询和团体消费管理功能，消费者信息查询通过在零售市场安装专用查询终端，开通短信、互联网、热线电话等查询通道得以实现；团体消费管理的核心是进货验收。

(5)“产销对接”核心企业追溯。“产销对接”核心企业主要指全产业链企业、配送企业等，按照统一技术标准，采集肉类蔬菜流通信息，按要求在规定时间内传送至城市追溯管理平台。

1.6 畜禽物联网安全

作为规模庞大的异构融合网络，物联网在畜禽业中的应用范围不断扩大，成为支撑畜禽业转型升级的重要手段。畜禽物联网以网络为基础整合各种各样的信息感知设备，实现畜禽场景中的物物相联，但该领域的安全问题也日渐突出。为保障畜禽业由传统型向智慧型稳步推进，亟须解决畜禽物联网本身存在的安全问题。

1.6.1 畜禽物联网安全问题

物联网应用于畜禽业领域同样需要关联许多种类各异、功能多样的智能终端，实现畜禽业场景中物和物之间的通信。畜禽物联网安全以畜禽物联网架构内各层次的安全为基础，关系到感知层、传输层和应用层的安全，具体来说，包括：确保畜禽物联网实体设备的安全；维护信息传输、网络融合的稳定；保障信息不被篡改及机密信息不被泄露；维持应用系统的可靠及容错等。

1. 感知层的安全

物联网信息采集是信息应用的前提，畜禽物联网在采集外界信息时要使用各种各样的感知设备，如传感器、摄像头、RFID 装置、GPS 装置等。在实际应用中，这些设备通常作为既相互独立又相互关联的节点被大量部署，呈现出多源异构的特点，但由于这些设备功能相对单一且相似，携带的能量较少，节点自身并没有严格的防护体系，自组网也极易被攻破，导致信息在采集过程中存在被窃听、篡改等风险，因此需要为感知节点建立安全防护，使其免受外界攻击干扰。此外，信息在自组网内部的传输也需要通过设立特定的标准加以防护。在实体设备物理安全方面，应使安装在养殖场或佩戴在畜禽身上的传感器、RFID 装置、GPS 装置等免受畜禽破坏；防止设备受到电磁干扰或被腐蚀，提高其环境可靠性；防止设备被盗或遭到人为破坏。

2. 传输层的安全

只有传输网络正常进行信息传输，数据的处理和应用才能实现。安全防护机制在一定程度上增强了传输网络的安全性能，但仍有可能因数据拥塞产生分布式拒绝服务攻击

(Distributed Denial of Service，DDoS)或者导致数据流失，这与畜禽物联网节点规模及其集群部署方式有关。畜禽物联网设备的组网方式多样，在信息传输过程中，不同架构的网络进行信息交接，这一过程中可能会出现异构网络之间协议转换、跨网认证等方面的安全问题。另外，传输层也常面临非法接入、数据窃取、病毒入侵等威胁。

3. 应用层的安全

畜禽物联网应用层直接面向终端用户，分析、处理所接收的信息并开展决策、应用。畜禽物联网应用层安全的关键在于保障数据库内的数据安全，其方法包括：针对共享数据设置严格的访问权限，以访问权限为依据对数据库内的数据进行筛选；保护登录系统用户隐私信息安全，确保用户隐私不受侵犯；完善系统认证机制，加强对身份认证的审核和控制；保护应用系统及软件的知识产权不受侵犯。

1.6.2　畜禽物联网安全关键技术

1. 认证技术

身份和消息是畜禽物联网中的关键认证内容，身份认证一般设定在感知层和应用层，消息认证则是在传输层。身份认证也叫实体鉴别，被看作是维护畜禽物联网信息安全的首道防线，同时也是畜禽物联网应用层信息安全的基础。身份认证通常以特定的信息、物品或生物特征作为认证项，有时设定多个项目进行组合认证，确保访问者具有可对应的物理身份和数字身份，以此为终端用户安全接入畜禽物联网提供保障，拦截非法访问。

为防止消息在传输过程中被假冒、伪造或篡改，保护通信双方在通信过程中免受外来攻击，通常需要进行消息认证。消息认证一般通过消息加密函数、消息认证码(MAC)或散列函数的方式实现，其中基于散列函数的消息认证方式使用较为广泛，且效果更为理想，对称密钥加密方式、公开密钥与对称密钥结合的加密方式、公共秘密值方式都属于这一类型。原始消息通过散列函数被转换成与其唯一对应的消息摘要，接收消息时如果发现两者不能对应，则说明消息已被破坏，从抗攻击的角度来看，伪造消息摘要是极其困难的，所以通信双方通过生成、验证消息摘要可以有效鉴别消息的完整性和真实性。

2. 加密技术

数据加密相当于信息转换，加密过程其实就是消解数据意义的过程，使数据不具备可识读性；而数据解密则相当于数据意义的重建，使数据能够被理解，整个数据转换过程由密钥进行控制。加密技术主要包括对称加密和非对称加密，对称加密使用一种密钥，加解密效率高且不易被破解，但是在使用过程中需要特别注重密钥的安全问题。非对称加密同时采用公开密钥和私有密钥，这两种密钥能且仅能解密彼此所加密的数据，一定程度上增强了保密性能，对硬件设备也具有较高要求。

加密技术可以满足畜禽物联网传输层、应用层的信息完整性和真实性需求，而感知层由于设备大多功耗较低、计算能力和存储能力明显较弱，因此无法使用复杂的密码算法，而需要使用运算复杂度低、防护强度较高的轻量级加密算法进行加密。目前轻量级加密方案采用的密码学机制有Hash函数、循环冗余校验、混沌加密、随机数生成器等，这些方案能够起到一定的作用，但仍有较大的发展空间。

3. 检测技术

物联网网络攻击通常较为隐蔽，可以在不被发现、不扰乱正常使用的情况下破坏消息机密性和系统可靠性，所以除了使用认证技术和加密技术进行被动防护外，也要进行主动检测。检测技术通过检查系统活动、评估系统完整性、挖掘系统弱点等方式可以高效排查非系统用户入侵系统、非法使用信息资源以及系统用户越权操作等问题。在畜禽物联网中，对主要节点的检测可以通过监测网络流量来实现；对于其他节点，则可以向其发送探测包，根据反馈的消息分析判断其是否存在异常，该过程中也要防范节点被恶意控制发送虚假信息。

4. 容错技术

畜禽物联网终端设备的能量有限，且多部署在恶劣的环境中，极其容易遭到破坏；系统内包含海量节点和异构网络，加大了数据融合和转发的难度，出现设备故障、程序漏洞、系统攻击等问题的可能性大。畜禽物联网数据量多、应用多样的特点又要求其系统能够在错误发生时维持正常运行，所以需要使用容错技术提高畜禽物联网节点和链路结构的自愈能力。实现系统容错的方式主要有两种，分别是入侵响应和错误掩盖，其中入侵响应指的是缩短检测系统对入侵的反应时间，尽量减少入侵对系统造成的干扰；错误掩盖指使用外加资源的冗余来掩盖系统错误造成的影响。可选取的容错技术包括备份、负载均衡、镜像技术等。在畜禽物联网环境下，应视实际应用环境设计适用的容错技术。

推动畜禽物联网稳定发展，需要深入分析和研究物联网安全技术，设计并完善安全架构，从而满足畜禽物联网的安全需求。随着物联网、物联网安全技术的进步和畜禽业的规模化发展，物联网在畜禽业中的应用范围将进一步扩大。

第 2 章　畜禽物联网的发展

2.1　畜禽物联网在国外的发展

2.1.1　草地畜禽养殖物联网

在草地资源相对充足、人口数量较少的澳大利亚、新西兰、加拿大、美国等国家，家庭农场是最主要的畜禽业生产经营模式。这些国家的先进经验是在畜禽业生产过程中广泛应用传感器、GPS、RS、农牧业机械、电子围栏等智能化技术及装置，以物联网推动草地畜禽养殖集约化发展，并通过教育培训提高农牧民的科技文化水平。

以澳大利亚为例，澳大利亚拥有超过 4.5 亿公顷的天然草场，在此基础上发展以家庭为单位的草地放牧型畜禽业，其国内 90%以上的农场属于家庭农场，普遍以牛、羊等畜禽养殖和谷物种植为主要业务。这些家庭农场对人力劳动的依赖程度低，每个家庭农场一般仅由几人负责日常生产管理，具体环节的生产作业，如牧草种植环节的播种、施肥、洒药、收割、加工以及畜禽养殖环节的饲喂、喷药、剪毛等均由农牧业机械完成，同时使用计算机对生产自动化装置进行管理。一些大型农场的畜禽养殖区域中还建设了太阳能电子围栏来划定畜禽的活动范围，具有成本低、效用高、易移动等优点。

澳大利亚家庭农场生产还广泛应用了传感技术，如利用传感器监测牧草种植环境、畜禽生长及活动状况、农场设备使用情况；通过传感技术实现对种植养殖设备的远程操控；运用具有定位功能的耳标对农场区域内的畜禽进行实时追踪；以摄像监控、电子围栏报警来保障畜禽及农场的安全；由畜禽业专家通过传感技术、视频会议系统在线提供远程服务。政府部门使用遥感探测技术，辅以地面调查，对牧草生长情况、牧场植被覆盖率、畜禽资源利用程度、土壤侵蚀状况等进行监测，构建信息化管理系统，用于动态评估草原生态以及预测生物灾害，政府部门、科研人员、农牧场主据此进行决策，科学规划畜禽业生产。

草地畜禽养殖物联网应用需要以农牧民综合素质提高，尤其是科技文化水平的提高作为支撑。澳大利亚注重发展多种层次的实用型农牧业教育和职业培训，培养专业的农牧民。在澳大利亚的农牧民中具有大学文化程度的占比多于 30%。为解决农牧民居住分散、无法集中接收教育培训的问题，澳大利亚各级政府大力投入发展远程教育，以大规模、广范围、高度开放灵活的教育培训方式满足农牧民的学习需求。

2.1.2　设施畜禽养殖物联网

设施畜禽养殖是与草地畜禽养殖相对的一种畜禽养殖模式。设施畜禽养殖过程多使用现代化设施和饲养管理技术创造适合畜禽生长的环境，以满足畜禽生长的营养，防疫等需求。

为适应土地、劳动力等畜禽业生产资源现状，国外形成了三种设施畜禽养殖模式，如

表 2-1 所示。

表 2-1 国外的三种设施畜禽养殖模式

设施畜禽养殖模式	特 点	代表国家
北美模式	大规模化、工厂化	美国、加拿大
欧洲模式	农牧结合程度高，适度规模化	荷兰、法国、德国
亚洲模式	发展家庭农场，适度规模化	以色列、韩国、日本

畜禽养殖连续化、集约化和机械化是国外设施畜禽养殖物联网的突出特征，其中畜禽养殖连续化的关键是维持养殖环境的适宜性，因此在畜禽养殖过程中将设施养殖区域内的每个畜舍或养殖场作为独立的生态单元，使用环境监测、环境调节、设备自动控制等技术，避免季节、天气变化等对养殖温度、湿度等的影响，为畜禽营造适宜的生长环境，使畜禽养殖可以连续进行。集约化表现为对养殖资源投入、养殖资源组合等进行严格控制，通过物联网等技术手段提高养殖质量，从而实现一定养殖规模内效益的最大化。机械化则主要体现在大量使用机械装置进行养殖生产，包括环境调节设备、自动喂料设备、畜舍清洁设备、挤奶设备、集蛋设备等，由此提高生产效率。

其次，发达国家设施畜禽养殖过程中的养殖场管理、畜禽管理、畜禽产品质量安全管理等环节均较为广泛地应用了物联网技术。在养殖场管理环节，使用视频监控设备、传感器等掌握养殖场实时情况、设备运行情况，同时记录人员进出养殖区域的信息，保障养殖资产安全；同时建立统一的数据管理中心，存储和分析养殖、屠宰、加工、运输、销售等环节的信息，以此提高养殖场管理的信息化、规范化水平。在进行畜禽管理时，通常在畜舍内安装传感器对空气温湿度和 CO_2、NH_3、H_2S 气体浓度等参数进行在线监测，养殖人员从终端平台远程控制养殖场的通风降温、供暖保湿等设备，或者通过预先设定参数阈值，使用控制器自动操控设备启停；以色列、美国、加拿大的许多养殖场采用 TMR 系统，结合智能主机和传感装置自动控制饲料供给和供给量，以及建立监测系统对畜禽的体重、活动量、健康状况等进行监测，以便及时发现、处理异常畜禽。在畜禽产品安全管理环节则使用 RFID 装置来标识畜禽身份，并结合传感器、GPS、视频监控等技术记录畜禽产品流通时产生的信息，实现畜禽产品产业链的全程数字监控。

设施畜禽养殖物联网同样对养殖人员的生产管理水平有较高要求，发达国家为此建立了完善的农业教育培训体系，包括将农业常识教育纳入基础教育范围，在大学设立设施畜禽养殖专业课程，为农牧民开办技术培训班，组织农业实地培训，建设远程教育培训系统等，同时政府积极投入完善农校的教学条件，还向特定年龄阶段内的新增农牧业人员和农校发放财政补助，组织农校免费定期为涉农人员提供知识及技术培训。

2.1.3 国外畜禽养殖技术应用

大多数畜禽养殖企业都会记录畜禽出生数量、具体畜禽母体的产仔数等数据，但是极少关注养殖过程中实时变化的数据，如温度、通风率、取水量、饲料消耗量等，对生产系统运行情况和畜禽表现缺少确切的记录，且在处理和管理这一类数据信息时存在一定的困难，无从知晓这些数据的真正价值所在。为了挖掘这些数据的真正价值，外国政府鼓励畜禽养殖人员通过信息技术改善养殖条件，重点关注具体环节的数据收集、远程监控以及数据在畜禽管理方面的应用。

环境监测系统、能源监测系统、生长监测系统、设备控制系统等是国外畜禽养殖领域常见的技术应用，监测所得的数据统一存储在数据中心，据此对环境、畜禽、设备进行智能化管理。

1. 环境监测系统

环境监测系统最突出的作用体现在连续的数据收集与监测方面，使用目的主要在于提高畜禽生产性能并降低养殖成本。系统会收集和评估畜禽养殖环境数据，以图表方式呈现结果，养殖人员就可以查看温度、湿度、通风率等参数的变化趋势。数据自动分析在互联网上进行，通过智能手机、平板电脑或其他基于互联网的应用程序，能够实现养殖远程操作和养殖情况真实评估。

2. 能源监测系统

能源监测系统通过监测能源消耗情况判断养殖环境的安全性。在每个养殖区域内安装监视器，连接数据采集和存储系统，即可密切关注养殖过程的能源消耗情况。能源监测结果一定程度上可以作为判断通风效率和养殖环境安全性的依据，例如耗电量越大，风扇转速越快，通风量也就越大，当电量消耗与正常标准相比存有较大差异时，表明存在风机运转异常的可能性，系统自动发出警报，提醒养殖人员及时确认设备是否正常运行以及畜禽养殖过程是否存在危险。通过监测养殖过程的能源消耗，也有利于更准确地分配能源资源。

3. 生长监测系统

生长监测系统与环境监测系统相连，用以获取畜禽生长状态数据，并通过互联网传输这些数据以供处理、分析，从而得出畜禽生长与环境之间的条件关系，形成具体的变化关联曲线图，以增加数据量来提高关联详细程度，进而细致地调节养殖管理流程。从单个生产系统收集的数据可以供养殖企业进行基准测试，若将所有数据汇集起来，则能为整个畜禽养殖行业发展提供数据依据。

具体来说，除了直接在畜禽身上放置传感器监测生命体征、活动量等数据外，也常通过监测饮水量和采食量判断畜禽生长状态。饮水量和采食量是畜禽养殖过程中最有价值的测量因素，是衡量畜禽养殖生产力的重要指标。对饮水量数据的采集主要通过监控水表和螺旋钻运行时间来实现，这两种仪器的安装成本低，且可以很容易地与过程控制器连接，以提供实时连续的数据流。采食量通过监控螺旋输送器的运行时间来获取，所消耗食物越多，补充给料机的螺旋输送器的运行时间越长。一些农场也采用称重传感器来称量饲料箱从而获取相关数据，但使用称重传感器成本较高，而监测螺旋输送器成本较低，可以准确指示每天的饲料使用情况。

畜禽饮水量与采食量有一定的关联，采食量下降，饮水量在一定程度上也会下降。正常情况下，夜间的水量消耗基本为零，若数据仍旧在变化，则说明供水设备未关闭或畜禽仍处于活动状态。畜禽夜间行动频繁极可能是因为白天相应行为受阻，而阻碍畜禽正常饮水的因素，可能包括供水设备故障、供水流量减少、畜禽之间饮水竞争等。若出现消耗量持续下降的情况，则预示着畜禽存有潜在的健康问题，国外就有一些生猪养殖企业通过追踪水的摄入量，发现了与猪流感有关的特殊趋势，当猪流感活跃的时候，猪的饮水量会明显减少，所以通过监测饮水量，养殖人员可以预防潜在的流感爆发，并采取更有力的措施对其进行控制，减少其影响。

4. 设备控制系统

利用设备控制系统管理养殖现场的养殖设备，设备控制系统通过无线技术与监测系统及养殖设备相连，监测系统不断采集、处理并交付数据，设备控制系统依据数据中心的数据和现实养殖需求，控制设备运行。用户只要登录设备控制系统，即可查看设备运行情况，也可对设备进行人工管理。

信息技术在畜禽养殖领域的应用为养殖人员提供了全天候精确观测养殖环境、了解畜禽生长状况的渠道，并保证在异常情况发生时及时发出警报。无论养殖人员观察照管所养殖畜禽的频率有多高，或者记录的数据有多准确，在此基础上形成的养殖方案，与实际的养殖需求相比通常仍存有较大差距，连续、实时、精准的数据采集只能通过智能化系统来完成。汇集获取到的数据，可以为畜禽养殖生产创建相应的“平均曲线”，表明每日监测数据的大概范围。暂时性的偏离和小幅度的偏差可以忽略不计，但若持续出现偏离平均值的情况，则表明存在严重异常事件，需要及时找出问题并采取解决措施。

对于数据的最终解释权归养殖相关人员所有，养殖人员结合生产数据做出的决策和采取的干预措施对生产结果具有重要影响，所以从业人员必须掌握相关的操作与分析技能，教育培训在提高养殖人员技术水平方面发挥了关键作用。国外研发人员在研发计算机系统和养殖设备时，也会考虑用户友好程度，让数据记录和评估过程变得更加简单，结果解释更加通俗易懂，成本节省效益更加明显，从而使用户愿意为智慧养殖应用持续投入。

2.1.4 国外畜禽相关企业及应用案例

1. 英国 Farmex 公司

Farmex 成立于 1980 年，是英国生猪养殖智能控制市场的龙头企业，创始之初的主要业务是向英国养猪户提供通风系统，在发展过程中率先研发出了温度控制系统和精密农业技术应用程序，在英国生猪养殖管理信息化领域处于领先地位。Farmex 提供的产品有 Dicam 控制系统、Barn Report 数据服务系统、自动称重传感器(Growth Sensor)、无线连接技术等。

1) Dicam 控制系统

Dicam 控制系统开发于 1993 年，该系统由 Dicam 控制器、驱动器、传感器、测试仪与定制的应用程序等软、硬件设备组成。Dicam 控制器可以连接任何传感器，切换或控制任何负载，因此，Dicam 控制系统可以作为畜禽业生产过程中的中心控制系统。通过 Dicam 控制系统，用户可以操控生产过程中用到的所有传感器、制动器、风扇、加热器、阻尼器等设备，该系统也常见于农业环境控制、农业大数据监控、异常报警通知等应用中，如用来控制生猪、蛋鸡等的畜舍温度及土豆、谷物等的储存设施温度等。

2018 年 11 月，Farmex 在德国汉诺威国际畜禽展(Eurotier)展出了二代控制系统 $Dicam^2$，此系统在 2021 年投入商用。$Dicam^2$ 系统在保持一代系统的可靠性与兼容性的基础上，还内置了空中编程(Over The Air Programming，OTAP)功能，用户不必使用传统的显示器旋钮或控制器触控板，在智能手机或平板电脑等移动设备上就能完成程序控制与更新、设置更改、数据查询调取等操作，这满足了用户远程访问和以更加便捷的方式获取与使用数据的需求。Dicam² 系统驱动程序更加复杂，在负载类型、负载大小和负载复杂性方面能够无限切换，输入与输出的能力也有大幅提高，硬件密度更低，网络更加可靠，价格也更具有优势。

2）Barn Report 数据服务系统

Barn Report 数据服务系统已开发使用了近 20 年，主要用于收集生产现场的温度、通风、用水、电力、燃料、饲料等方面的数据，可以生成畜舍环境及畜禽状况分析图表；当检测到现场存在问题时，系统自动发送报警信息。用户可以在 PC 端远程监控和分析畜禽养殖环境和畜禽生长情况，实时了解畜禽体重增长率、饲料转化率等信息，自行导出数据图表，也可以设置报警通知的间隔时间与报警信息接收权限。

Barn Report 数据服务系统收集的现场数据来源于布置在生产站点的 Dicam 控制网络，数据以小型增量压缩文件的形式在 Dicam 控制系统与 Barn Report 数据服务系统之间传输，传输时间短、成本低。Barn Report 数据服务系统为 Dicam 控制网络提供大数据远程分析、处理服务，并将这些数据交付给用户。Barn Report 数据服务系统页面如图 2-1 所示。

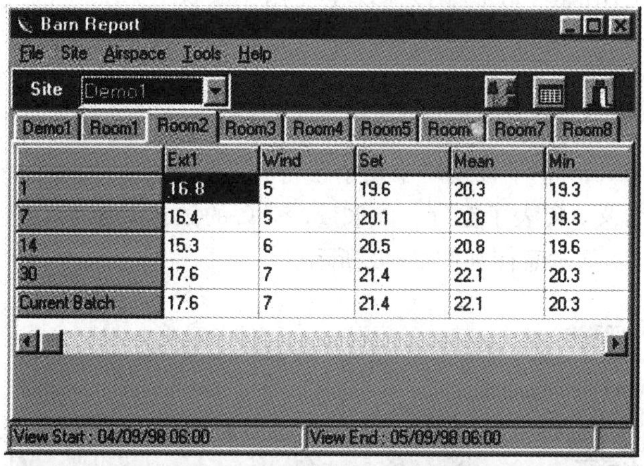

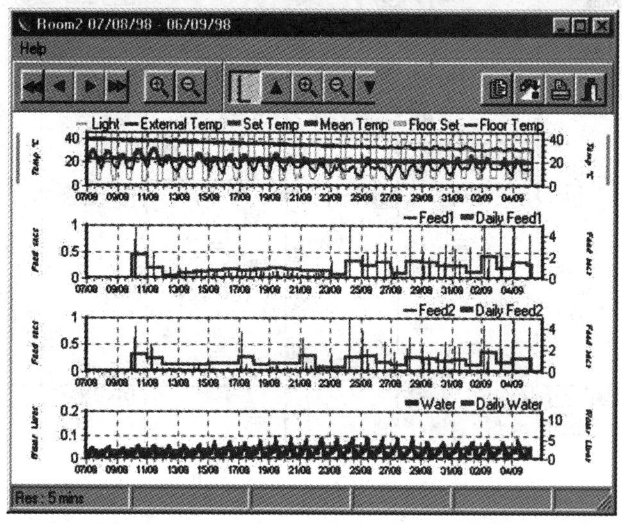

图 2-1　Barn Report 数据服务系统页面

Barn Report 数据服务系统只能在 PC 端运行，可提供相对简单的数据报告与图表，而 Barn Report Pro 数据服务系统的功能则更加丰富，且能够在个人移动终端上运行。Barn Report Pro 数据服务系统页面如图 2-2 所示。

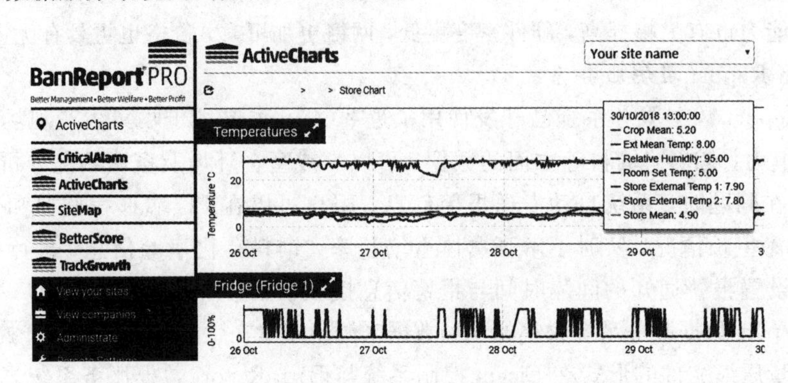

图 2-2　Barn Report Pro 数据服务系统页面

Barn Report Pro 数据服务系统的主要功能模块包括：

(1) 紧急报警(CriticalAlarm)。该模块主要用于确保生产系统的安全。拥有访问权限的用户可以查看当前、历史报警信息的内容，包括报警开始及结束时间、地点、具体问题、处理人、处理途径等，用户还可以修改报警设置，如事件优先顺序、报警间隔、报警标准、通知权限等。

(2) 站点地图(SiteMap)。该模块中显示了畜舍各区域实时发生的事件。SiteMap 中的符号都有其特定的含义，代表了温度、余水量、畜禽的数量、各种传感器或仪表的运行状况等信息。SiteMap 功能示意图如图 2-3 所示。

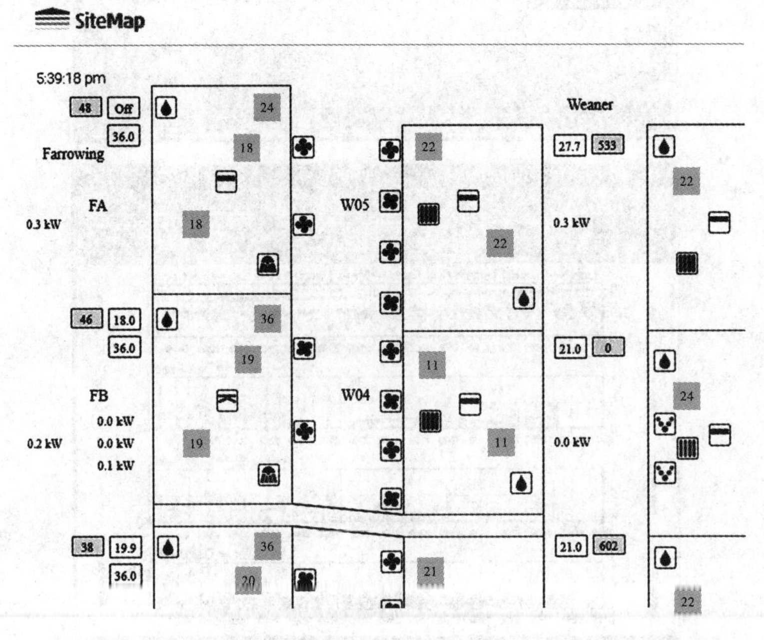

图 2-3　SiteMap 功能示意图

(3) 动态数据图表(ActiveCharts)。该模块用于提供温度、进料量、用水量、畜禽重量等数据的图表分析与查看功能，提供历史数据和当前数据。

(4) 动物生长趋势(TrackGrowth)。该模块用于监测畜禽的体重变化情况，并提供重量数值的趋势图表。用户可以通过该模块查看当前数据和历史数据，访问生产站点，查看畜舍情况，自主管理饲养分组。

(5) 数值评估(BetterScore)。室温、用水量、饲料消耗量等的变化会对畜禽的生长产生影响，数值评估模块的作用是持续分析和评估这些参数，按 1 分(差)～5 分(好)进行打分，得分≤2 时将通过手机程序、短信或电子邮件向用户发出警报。BetterScore 功能可以在 CriticalAlarm 模块中进行设定。

Barn Report Pro 数据服务系统还具备远程设置(Remote Settings)、库存报告(Inventory Reporting)、访问控制(Access Control)等功能。用户可以通过 Barn Report Pro 数据服务系统远程访问 Dicam 控件并更改温度、最小排气速率等设置；可以依据库存报告跟踪饲料使用情况和丙烷水平，判断料仓何时会清空；可以授权兽医或养殖顾问进行数据访问，为专家远程查看养殖场情况和调阅分析数据提供便利。Barn Report Pro 数据服务系统还自带了网络加密功能，能够保护用户数据分享的安全。

3) Growth Sensor

Farmex 开发的 Growth Sensor 是一种生猪圈养秤，如图 2-4 所示。它能够称量 9～40 kg 的断奶小猪和 50～120 kg 的育成猪，按分组连续收集体重数据，再将其以无线方式传输到养殖场数据中心。

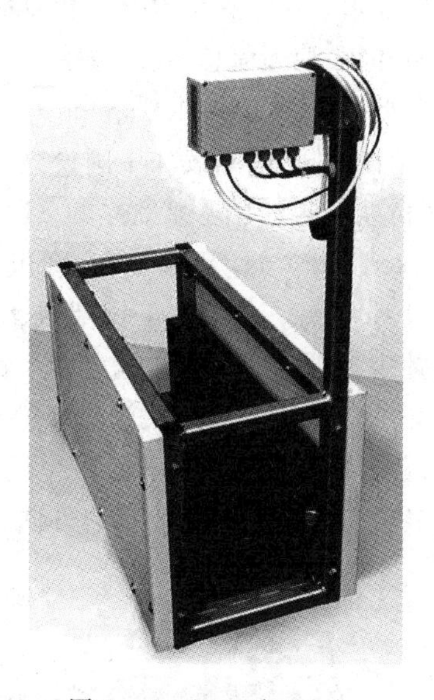

图 2-4　Growth Sensor

2. 英国 ADAS

ADAS 是英国农业环保咨询方面最大的独立供应商，成立至今已有 75 年，主要针对农业环境问题提供相应的分析服务与解决方案。ADAS 在畜禽业方面的服务主要涉及以下两点：

(1) 畜禽业环境保护。ADAS 开发了供农民免费使用的养分管理决策工具 PLANET、肥料氮评价程序 MANNER－NPK 和氮含量预测软件 ENCASH，用于管理牧草种植过程的肥料使用，降低氮、磷、钾、硫、石灰等对土壤的危害，也包括对畜禽粪便的管理。例如，PLANET 中的“农场畜禽粪便限制”功能模块用来计算农场的肥料氮容量和肥料氮负荷；PLANET 中的“有机肥料储存”功能模块用来计算农场产生的畜禽粪肥和其他固体肥料的数量及氮磷钾含量，得出农场畜禽粪便储存的最低限制；ENCASH 能够帮助养殖户根据饲料投喂情况计算畜禽粪便中的氮含量。在畜禽业生产与气候变化方面，ADAS 能够为养殖户提供甲烷和二氧化碳等温室气体的测量与模拟，为气体排放提供数据参照，以此制定排放清单和减排措施。

（2）畜禽管理。ADAS 的畜禽管理服务主要包括动物福利和畜禽业供应链管理两个方面。首先，ADAS 为畜禽生产性能提高、动物健康与福利保障提供广泛的服务，其项目包括：为不同的畜禽养殖部门设立动物福利监测指标，设计进行农场研究试验；为兽医、相关部门检疫人员提供与畜禽健康和福利相关的培训与咨询服务。其次，ADAS 的畜禽发展顾问为养殖户、畜禽企业、政府机构提供覆盖整个畜禽业供应链的服务，包括畜舍设计、畜禽营养供给、畜禽品种繁育、畜禽资源管理、畜禽产品质量管理、畜禽产品市场研究、生产政策评估等。

3. 荷兰萃欧立集团

荷兰萃欧立集团（Trioliet）创立于 1950 年，是反刍动物饲喂方案和设备供应商，率先推出了应用于牧场生产的智能化无人饲喂系统，成为欧洲生产牧场饲喂设备的领导品牌。萃欧立多年来专注于研发反刍动物饲喂技术，主要有全混合日粮 TMR 配制设备、青贮饲料切取设备、电子称重系统、TFM Tracker 饲喂管理信息系统、智能饲喂机器人系统等，其研发的自动喂料机器人能够自动饲喂数百头奶牛，已应用于欧洲和北美上百个中小规模牧场。萃欧立于 2005 年正式进入中国市场，在之后的几年间陆续在中国设立经销商、地区代表处、设备储备库房、全资子公司，国内许多畜禽企业也使用了萃欧立的 TMR 饲喂系统。

全混合日粮技术（Total Mixed Rations，TMR）在 20 世纪 60 年代开始被英国、美国、以色列等国采用，以保持畜禽营养均衡、减少人工饲喂成本。萃欧立的 TMR 饲喂系统凭借发料无死角、饲料装卸和搅拌观察便捷、铰龙结构稳定、底盘大梁耐用、刀片可自锐、采用重叠焊接工艺、搅拌快速均匀、仓体使用寿命长、使用稳定、称重精准等优势，成为大、中型规模牧场的首选，销往全球数十个国家，未来该系统设备将朝着进一步节省劳力、高度灵活、精准实施日粮配方、多功能集成、广泛适用的方向发展。图 2－5 为萃欧立自取料全自走 TMR 设备。

图 2－5　萃欧立自取料全自走 TMR 设备

2.2　国内发展畜禽物联网的必要性

2.2.1　国内畜禽业发展存在的问题

畜禽业贡献了全球范围内40%的农业GDP，提供了人类所需蛋白质摄入量的1/3，畜禽业规模大小在某种程度上反映了一个国家的农业发展水平。目前，我国畜禽业发展在生态环境、养殖技术、疫病防控、食品安全、信息流通、产业转型等方面都还存在痛点，总体产值仍然较低，畜禽业朝着规模化、标准化、智能化方向发展已不可逆转，这迫切需要物联网技术及现代智能装备作为支撑。现阶段，我国畜禽业正处于由粗放型向集约型转变的关键时期，重点需要解决以下几个方面的问题：

（1）环境破坏问题。养殖场建设、饲料种植、畜禽养殖等占用了大量的自然资源，不合理的开发利用方式给自然资源造成了沉重的负担，过度放牧导致水土流失、土地沙漠化问题严重。部分养殖场缺乏完善的养殖废弃物处理系统，养殖废弃物露天堆放和直接排放加剧了空气、土壤和水体污染，同时也对人体健康造成了极大威胁。

（2）科学技术研究与推广不力。在畜禽养殖过程中多依靠人工感官获取信息，不但效率低，而且在信息采集的广度、深度和准确度等方面均存在明显不足，往往是凭经验开展决策，生产智能化、标准化水平低下。目前，我国已经取得了一些畜禽养殖技术研究成果，但成果转化率不高，推广应用难度大，在农村发展小规模养殖的地区尤为明显。

（3）畜禽疫病风险较高。我国农村地区的畜禽养殖广泛采用畜禽混合散养等粗放落后的养殖方式，畜禽与养殖污染物也没有妥善隔离，养殖生产环境差，养殖人员无法及时获知畜禽的生理健康状况及其变化，这是我国高致病性禽流感、非洲猪瘟等疫病频发的原因之一。一旦疫病发生，诱发源和传播途径难以控制，疫情会迅速扩散，给畜禽业生产造成沉重打击。

（4）畜禽产品安全问题多发。我国部分流向市场的畜禽产品还存在抗生素残留、化学添加剂违规使用等问题，如在饲料配制过程中过量添加铜、锌、砷等矿物质元素，将抗生素用于动物增重，使用瘦肉精提高瘦肉率等。这些质量安全问题严重打击了消费者的购买信心，另外由于缺少标准规范的溯源渠道，消费者更难对畜禽产品付出信任。

（5）市场信息闭塞。很多养殖户由于缺乏信息技术手段，对畜禽产品市场动向把握不清，无法及时了解产品价格及供求变化等市场信息，容易出现生产安排与市场需求不匹配的问题，承受着较大的经营风险。再者，养殖户不了解市场信息，就无法结合市场信息开展产品增值服务，根据消费者需求提供不同档次的畜禽产品、开展绿色化和品牌化经营等也就无从谈起。

（6）监管手段不足。我国目前尚未建立统一的畜禽业信息采集及管理系统，在畜禽业相关数据的采集、统计分析、处理利用等方面均存在较大的不足，很难确切掌握各省乃至全国的畜禽业发展情况，难以进行关联性分析，对畜禽疫情防控、畜禽产品供需调节等工作的高效开展造成了一定的阻碍。同时，因为缺乏出生、出栏、养殖、屠宰、加工等环节有效一致的畜禽身份标识数据，导致难以进行统一、规范的畜禽产品质量安全管理。

（7）产业转型受阻。受资金、土地等条件的限制，我国畜禽养殖模式以中小型养殖场养殖和家庭养殖为主，这两种模式的缺点主要体现在养殖设施落后、饲养管理方式粗放、养殖废弃物处理压力大等方面。养殖水平低则经济获利少，这又限制了中小型畜禽企业和家庭养殖户扩大养殖规模，因而继续发展落后粗放的畜禽养殖，形成了一种恶性循环。另外，畜禽养殖业向规模化、标准化、生态化方向发展要求养殖从业者具备较高层次的养殖管理、经营管理等能力，但很多养殖户并不能达到这些要求，对养殖问题的处理能力较弱。上述问题的存在将使我国畜禽产业转型经历一个漫长的过程。

2.2.2 物联网背景下我国畜禽业转型升级的路径

在物联网背景下，我国畜禽业将加快规模化、标准化、智能化发展进程，畜禽业整体竞争力将保持稳步提升，具体表现为：畜禽养殖方式由粗放向集约转变；畜禽疫病防控水平显著提高；肉品、奶源、禽蛋等畜禽产品自给率提升；畜禽产品安全保障更加规范；养殖废弃物资源综合利用状况得以改善。畜禽业的转型升级将从以下几个方面展开：

(1) 畜禽养殖。畜禽养殖是畜禽业发展的基础环节，如果该环节出现问题，畜禽业供应链的后续环节也会受其影响。应用物联网技术，有助于优化畜禽养殖方式，促进养殖业转型升级。物联网在畜禽养殖环节的应用主要是通过传感器、RFID、摄像头、GPS等感知技术，4G/5G、NB-IoT、LoRa等数据传输技术以及大数据、云计算、边缘计算等信息处理技术，采集分析畜禽的身份、采食、运动、体重等凭人工手段难以高效准确采集的信息，实时监测畜禽养殖信息并据此控制养殖生产。要实现物联网技术在畜禽养殖方面的广泛应用，首先需要给予各类型养殖企业资金、政策方面的支持，并通过教育培训增强养殖人员发展物联网养殖的意识，同时提高其技术能力。

(2) 生产管理。在生产管理中，建设畜禽物联网管理平台，可实现对生产资料采购、养殖、免疫、出栏、屠宰、加工、仓储、运输、检验等多个环节的平台化管理，利用大数据支撑畜禽业管理体系，提升畜禽产品质量安全溯源水平。物联网在畜禽业生产管理过程中起到的作用主要是确保真实信息的实时采集与反馈，通过系统的监控管理来有序协调各生产管理部门，从而促进畜禽业发展。

(3) 市场销售。将畜禽产品价值转化为实际经济利益，首先需要建立畅通的畜禽产品销售渠道，保障畜禽产品脱离上游生产企业顺利到达消费者手中。除了传统的批发市场、商超等销售平台，利用物联网建立畜禽产品电商销售服务平台，可以发展畜禽产品网络销售，既拓宽了畜禽产品销售渠道，也扩大了产品宣传范围。结合大数据、云计算可以综合分析市场动向，了解消费者对畜禽产品的需求及消费习惯，上游企业则可以据此调节生产和营销策略。另外，畜禽业电商发展需要以完善的仓储、冷链物流体系作为支撑，且物联网在仓储、且物流体系建设方面也发挥着不可替代的作用。

(4) 服务提升。应用物联网优化畜禽业服务体系，包括用物联网平台宣传畜禽养殖、疫病防控、价格变动等方面的信息，为畜禽业提供在线化、数据化的服务；通过大数据融合统计各区域畜禽生产信息，当出现难以解决的问题时，养殖人员可以相互交流分享经验，共同寻找解决途径，改变封闭养殖的状态；在疫情防控方面，物联网可以保障疫病及时发现、防控、上报，提高畜禽疫病防控服务水平，降低养殖户损失；利用物联网开设养殖技术教育培训课程，能够帮助尽可能多的养殖户通过系统学习掌握实用的养殖技术；建设专家系统向养殖户提供专家服务，畜禽行业专家通过解决养殖过程中的疑难问题，并进行定期回访，帮助养殖户提高养殖水平。

我国是畜禽产品消费大国，畜禽业发展前景广阔。物联网赋能畜禽业已是必然，虽然目前尚处于起步阶段，但各相关部门做出积极引导，持续推进物联网技术在畜禽业领域的应用，将会从根本上促进畜禽业转型升级，给养殖企业和消费者带来更多的益处。

2.3　畜禽物联网在国内的发展

2.3.1　畜禽业物联网应用现状

物联网目前已应用于畜牧业全产业链的诸多环节，在畜禽养殖、畜禽身份标识、畜禽精准饲喂、动物福利提高、经营流通和管理服务等方面都有了具体应用，且获得了不同程度的发展，主要包含以下几个方面：

(1) 养殖环境监测应用较为普遍。养殖环境对畜禽生长的影响较为明显，利用环境监测技术实时监测畜禽养殖环境，是保障畜禽健康的基本要求。随着物联网、无线通信、大数据、人工智能等技术的发展，由传感器获取养殖环境数据，通过无线通信网络传输到云端进行处理，在移动端或 PC 端实现数据实时显示，这一养殖环境监测方式已经在规模化、标准化养殖场中得到了普遍应用。

(2) 畜禽身份标识应用仍在发展。畜禽身份标识是实现智能监测、精准饲喂、疫病防控、畜禽产品溯源等的前提条件。目前，除了采用面部识别、虹膜识别、姿态识别等生物识别技术追踪畜禽个体外，RFID 技术在这方面的应用也有所发展。RFID 通常集成在畜禽耳标或项圈中，或者以微型芯片形式植入畜禽体内，以此实现对畜禽个体的标识，但其应用在成本、操作复杂度等方面还存在一些问题，有待更新完善。

(3) 畜禽精准饲喂应用前景广阔。物联网在畜禽精准饲喂方面的应用主要是通过准确识别畜禽个体、监测畜禽生理信息、科学计算饲料配比、智能控制饲喂器来实现的，这一过程通常需要建设饲喂站以及饲料用量监测、自动称重、自动分群、数据多维分析等系统。受成本条件限制，目前精准饲喂只在小部分规模较大的养殖场中得到了应用，但其对于提高效率、增加出产的作用显著，因而具有广阔的应用前景。

(4) 养殖环节动物福利显著提高。在养殖环节提高动物福利有利于提高畜禽健康水平，进而提高畜禽产品品质，对于保障食品安全也有间接影响。物联网在畜禽养殖管理方面的应用，包括环境实时监测与调控、畜禽个体标识与生命体征监测、定时定量精准饲喂、疫病及时监测与防治、畜舍自动清理等，让畜禽能够时刻处于适宜的生长环境，获取生长所需的适量食物，及时得到疾病诊治，现阶段物联网已从环境、心理、生理、卫生等方面提高了动物福利。

(5) 畜禽产品流通渠道有所拓展。在经营流通环节，物联网、互联网等现代信息技术的应用推动了畜牧业电子商务的发展，畜禽产品得以通过互联网进行销售，所有购买和支付行为均可在线进行，畜禽产品流通渠道更加丰富，产销对接效率得以提高。

(6) 管理服务方式不断优化。畜牧业大数据的应用给生产监测预警、管理决策、产品质量追溯提供了必要条件，通过综合化的信息系统可以为养殖户发展畜牧生产提供数据依据，也能为政府监管、金融机构投资提供信息支持。

2.3.2 畜禽物联网应用存在的问题

畜禽业在农业生产中占有重要位置，通过科技应用、规模经营与科学管理提升畜禽业生产效益已成为畜禽业现代化的重要趋势。就物联网技术在畜禽业生产过程中的应用而言，其总体应用规模与应用水平都有待提高，具体来说，主要还存在以下问题：

（1）畜禽业生产经营方式制约物联网技术推广。大型养殖企业、中小型养殖场、家庭养殖户并存，后两者所占比例大，这是我国畜禽业发展的主要形态。物联网技术在畜禽业领域的应用和推广是与规模化的生产经营方式相结合的，中小型养殖场和家庭养殖户受设施设备、生产工艺等条件的限制，在生产过程中难以改造应用物联网技术。

（2）物联网技术应用成本高。目前，多数畜禽物联网项目采用企业投资、政府补贴的方式开展建设，但对许多中小型企业来说，与总体生产收益相比，这仍然算得上是一笔数额较大的投资，仅仅是传感器布设通常都要花费几万至几十万元，很多中小型企业和农户也正是因为面临成本压力而选择维持传统的畜禽生产方式。

（3）应用成本与收益难以平衡。除了建设畜禽物联网的成本外，畜禽业企业后续在系统维护、设备维修等方面仍需要投入，且长期放置在自然环境下的传感器等物联网设备故障率相对较高，维修后使用效果也可能大打折扣。总体来看，畜禽物联网应用前期资金投入大，且不能快速看到产出，难以明确后期收益，这在很大程度上打击了畜禽业企业对物联网技术的应用积极性。要想提高物联网在畜禽业中的利用率，首先要让畜禽业生产经营者找到应用成本和收益之间的平衡。

（4）畜禽物联网人才缺乏。畜禽物联网技术含量高，有较高的专业能力要求，但目前多数养殖人员不了解物联网，而物联网技术开发和应用人员往往不具备养殖管理技能，复合型人才不足，导致畜禽物联网发展缓慢。对整个畜禽物联网系统的平稳运行而言，除了前期研发、建设基础平台外，在系统使用过程中也需要提供技术支持与维护服务，这些都要由专业人员来完成。培养既具有畜禽兽医专业知识又具备物联网开发应用能力的复合型人才是推进畜禽物联网发展的必要举措。

（5）物联网技术基础薄弱。畜禽业生产中应用的物联网设备可能是进口的，也可能是进口后经本地化改造的，或者是国内自主研发的。目前，我国自主研发的物联网产品在价格上占有优势，但在可靠性、稳定性、准确性等方面与进口产品相比尚有较大差距，使用效果极其有限。例如，将传感器应用于感知畜禽业信息，同类型传感器相比，进口产品可能使用3年才需要进行维护，而国内产品可能几个月就需要维护；大部分国产RFID设备的稳定性不佳，易受湿度等环境因素影响，识读距离不稳定，RFID耳标的掉标率高，实用性差。

畜禽物联网数据获取环节的应用已相对成熟，但多数也仅停留在数据大范围采集阶段，对数据的利用效率低，如何科学、充分利用获取到的大量数据，使其真正为养殖生产服务，是当前亟须解决的问题。虽然目前已有一定数量的信息系统和应用软件研发成果，但由于没有设定统一标准，导致同类型系统及软件之间的兼容性差，阻碍了信息交流与共享，应用推广困难。

（6）技术专用性程度低。现阶段应用于畜牧业领域的信息技术一般具有普适性，而针对畜牧业领域的专业化技术体系尚未形成。环境精准感知、设施畜牧环境控制等对专业技术装备要求较高，且空间环境、畜禽活动、信号条件等都对信息技术应用有直接影响，因此仍需要加强专用性技术研发。

(7) 畜禽业发展不稳定。受畜禽养殖管理水平、畜禽疫病爆发频率、畜禽产品质量安全保障程度等因素的影响，我国畜禽业产出的不确定性大，畜禽产品市场波动频繁，畜禽业生产效益低下。在这种情况下，即使养殖户知晓物联网技术的应用能够提高生产效益，也难以为畜禽物联网应用提供资金支持，这与利用畜禽物联网发展生产的愿望之间产生了难以协调的矛盾。

上述问题的存在将使物联网在我国畜禽业领域的应用经历较长的探索阶段，实际应用推广将成为一个长期的过程。随着我国畜禽业规模化发展以及物联网技术的进步，畜禽物联网的应用进程将不断加快，从而推动畜禽业现代化和信息化建设。

2.3.3　畜禽物联网的发展方向

我国地域面积广阔，自然条件差异大，所以要因地制宜发展畜禽业，根据实际条件采取合适的畜禽物联网模式。具体来说，可以在内蒙古、西藏、青海、新疆、四川、甘肃等畜禽资源丰富的地区，充分利用当地自然资源条件发展草地畜禽物联网；在其他缺少天然草场的地区则可以发展设施畜禽物联网，借助科技手段培育大规模养殖场。加快物联网技术推广应用是推动我国畜禽业可持续发展的必要条件，而不管采取何种畜禽物联网模式，都应该从以下几个方面入手提高我国的畜禽物联网水平，使其能够真正适应畜禽业发展需求：

(1) 加快关键技术和产品研发。畜禽物联网涉及许多无线传感设备、无线传输技术、智能化处理系统等的应用，但目前我国的物联网技术及产品还不足以满足畜禽物联网需求。在无线传感设备方面，我国自主研发的畜禽业传感器性能较差，实际使用的传感器多依赖进口，因此在发展畜禽物联网时应克服传感器技术问题，研发低功耗、微型化、智能化、高集成化的传感器，实现畜禽物联网传感器的国产化替代。在数据无线传输方面，应该深入开发低功耗通信技术、多跳技术、自组网技术、自愈网技术等，保障畜禽物联网数据传输的高效与稳定。在智能化处理系统方面，要加快发展大数据、云计算、人工智能等技术，构建能够实现畜禽业数据云存储、数据挖掘、设备远程自动控制、专家远程服务、决策支持等功能的智能化处理系统。

(2) 建设全国性的畜禽物联网平台。建设统一平台不仅能够统筹全国的畜禽业信息，也有利于扩大数据共享范围，方便畜禽业相关主体之间进行共享数据。畜禽管理部门、养殖企业等直接从公共畜禽物联网平台获取数据服务，不用再搭建数据平台，可以降低设施成本。

(3) 加大对畜禽物联网建设的扶持力度。实施畜禽物联网扶持政策，将畜禽物联网技术及产品研发、应用纳入补贴范围，吸引更多的科研机构、物联网企业、畜禽企业等参与畜禽物联网建设与推广，进而提升畜禽业的发展水平。

(4) 培育畜禽物联网产业。培育与畜禽物联网建设需求相匹配的各类型企业，形成组织有序、分工明确的产业链。加快培育领军企业，由点到面推广畜禽物联网应用，丰富应用形式，探索畜禽物联网产业的盈利模式。

(5) 培养畜禽物联网人才。联合高校和科研院所培养畜禽物联网专业人才，改善无线传感设备、无线传输技术、智能化处理系统等领域人才空缺的状态；强化对畜禽业从业人员的科技培训，使其能应用物联网技术发展畜禽业生产；加大政策、法律支持，建设并完善畜禽物联网科技教育培训体系，丰富教育培训的内容和形式。

（6）制定畜禽物联网标准。组织高校、科研院所、物联网和畜禽业企业合作制定畜禽物联网标准，对传感器使用、畜禽标识、数据传输、数据处理、系统建设等进行规范，解决技术体系混乱、系统建设重复等问题，实现高效的数据应用和真正意义上的数据共享，以标准引领技术进步，实现畜禽物联网行业的规范发展。

第 3 章　畜禽物联网信息感知

实时感知养殖环境、畜禽活动和生命体征以及生长状态有利于及时发现并解决养殖过程中存在的问题，理解畜禽行为的内涵，创造适合畜禽的生长空间，提高畜禽养殖的可控程度。在这一系列流程中，感知技术不可或缺。近年来，畜禽养殖感知技术发展进程明显加快，传感器、射频识别、光谱、二维码、北斗/GPS、视频监控、遥感等多种感知技术协调配合，共同实现采集、获取畜禽养殖信息的功能，为实施标准化、精细化畜禽养殖提供了重要支撑。

3.1　传感器技术

3.1.1　传感器技术概述

在物联网领域，传感器技术是感知外部信息的关键手段，是进行信息传输、处理和应用的前提。传感器技术的水平影响整个物联网系统的性能，一定程度上也可以衡量物联网的发展水平。畜禽物联网完整信息链的构成离不开传感器技术，畜禽物联网要求检测和控制的自动化、智能化，信息获取和转换是其中的重要环节，如果没有传感器技术采集、转换被测对象的参数信息，畜禽物联网系统则不能正常运行。

1. 传感器

传感器是检测信息的装置，负责把信息转换成电信号，以便进行处理和分析。传感器的内部结构中包含了敏感元件、转换元件及信号调节与转换电路，三者分别进行物体信息获取、电信号转换和电信号调制，最终输出可供后续环节应用的电信号。另外，转换元件、信号调节与转换电路正常工作需要获得一定的电量供给，这通常由辅助电源完成。传感器的组成如图 3－1 所示。

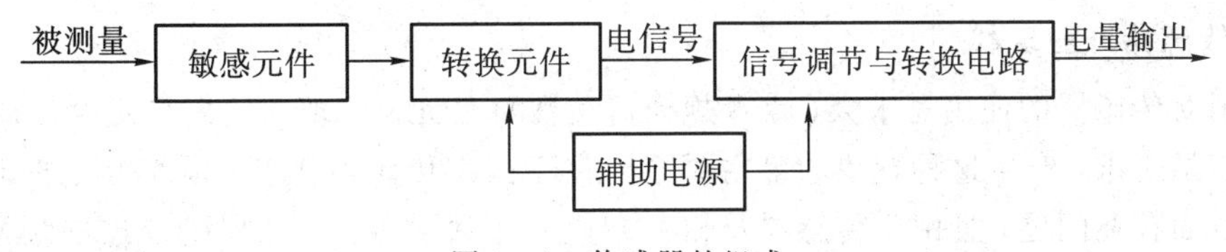

图 3－1　传感器的组成

目前，传感器相关技术已相对成熟，已广泛应用于农业及工业生产、环境探测、商品质检、医学诊断、交通管理、航天探索等诸多领域。很多传感器都可以满足响应速度、测量精度、灵敏度方面的要求，能够在高温、高压等特殊环境下进行连续检测并记录数据变化，还能检测到超声波、红外线等人体感官无法感知的信息，大大弥补了人工检测的不足。众多传感器自组织形成的无线传感网络，凭借组建方式自由、设置灵活、无需布线等优势，被广泛应用于信息采集和传输。

2. 传感器分类

传感器种类丰富，分类方式多样，其中较常用的分类方式如表 3-1 所示。

表 3-1 传感器分类

传感器分类方式	传感器名称
按用途分	力敏传感器、气敏传感器、生物传感器等
按工作原理分	电阻式传感器、电压式传感器、光电式传感器等
按输出信号分	模拟传感器、数字传感器、开关传感器
按制造工艺分	集成传感器、薄膜传感器、厚膜传感器、陶瓷传感器

3. 传感器选择

传感器的性能是由精度误差、稳定性、可靠性、参数一致性、量程范围等一系列指标共同决定的。应用于环境检测中的传感器，对性能要求较高：首先，不同环境根据无线信道模型可以分为城市密集区、城市稀疏区、郊区、农村和平原等，不同区域对传感器的检测性能也有不同程度的影响；其次，所检测环境的温度变化、湿度变化、雷雨降水、空气盐雾腐蚀、雷击静电及周围其他干扰因素也会影响传感器的监测结果。此外，传感器检测数据结果还与数据处理电路和传输电路有关，如果电路没有经过专业电磁兼容(EMC)设计及数据误差校准处理，同样会使得传感器检测结果出现很大偏差。

当传感器受到各种外界因素影响产生随机误差、系统误差、粗大误差和坏值时，需要通过模拟滤波、数字滤波、数据拟合、数据建模等方法进行数据处理和校正，否则传感器数据结果将因出现较大偏差而无法使用。

事实上，如果不经过严格专业技术处理，则价值上万元的传感器和几百元的传感器性能相差无几，因为监测性能受到外界因素的影响，导致检测数据不可靠，缺少实用价值。目前我国市场上有的传感器存在不少问题，其中很多属于三无器件：没有计量校准测试，没有第三方性能测试报告，没有认证报告和数据，此类传感器无法满足应用要求。

3.1.2 传感器产业

1. 传感器产业现状

我国对传感器的使用需求大，市场规模可达数百亿元。但现在国内自主生产的传感器尚不能满足需求，产生这种现象的最主要原因在于国产传感器普遍在灵敏度、准确性、稳定性等方面存在问题，且由于传感器及相关专业人才数量少，传感器研发进展缓慢，使其发展和应用都受到了极大的限制。目前市场上销售的传感器多产自美国、德国和日本，这三个国家占据了绝大部分的传感器市场份额，其他国家与此相距甚远，究其原因，主要体现在以下几方面：

首先，国产传感器的可靠性、稳定性与国外产品差距较大，其正常使用易受外部环境条件的影响。生产企业缺少电子产品检测标准和技术积累，测试大都是传统的误差测试，缺少电磁兼容 EMC、环境可靠性和安规等测试，亟需在这些方面进行改进。

其次，校准并消除传感器误差是传感器能够正常使用的关键，但我国在这方面的技术水平较低，当传感器出现各种类型的误差和坏值时，未能恰当采用数字滤波、数字拟合等技术和算法进行处理，其带来的直接影响是传感器性能差，不能准确感知外部信息并完成信号转换，且其稳定性容易受到外部环境干扰，国产传感器应用及其产业发展也因此受到影响。

此外，国内制造传感器所使用的材料和工艺相对落后。目前发达国家普遍采用 MEMS 技术、纳米技术来减小传感器的体积和功耗，在安装和维护方面也节省了很多费用，且制造出的传感器可以完成某些传统传感器不能完成的任务。但国内传感器较少有相关技术的应用。

尤为重要的是，英国、美国等发达国家对通信技术的研究较为深入，研究成果的应用效果显著。以无线传感器网络为例，这些国家研发构建的无线传感器网络在可覆盖范围、可靠性、稳定性、成本等方面具有明显的优势。与采用单一传感器独立检测相比，使用大量传感器同时检测并构建互联互通的无线传感网络，既能扩大检测范围，也能够降低误差、提高可靠性，这也是推动我国传感器产业发展的技术研发及应用方向之一。

2. 传感器产业化问题及解决策略

目前传感器产业发展存在的主要问题包括：

(1) 科技成果转化率较低，产业化基础薄弱。农业传感器的市场准入门槛高于其他产品，但其技术水平和开发程度都比较落后，人力、物力、工艺技术等资源配置缺乏，导致企业难以支撑长时段与较高失败率的传感器研发，传感器从科技成果转入产业应用较为困难。

(2) 对国外技术的依赖程度高。传感器企业的研发能力不足，在生产过程中对进口芯片的依赖程度高，对其余相关技术也多有模仿和引进，这种情况在农业级传感器方面尤为突出。国内现有传感器的整体技术水平、准确性、稳定性、可靠性等均有待于提升。

(3) 市场竞争力不足。需求量大是我国传感器市场的一个明显特征，然而国产传感器只能满足其中一小部分需求，我国现有从事传感器研究的企业大约有 2000 家，但只有极少数企业能够在传感器个别领域占优势，专业化企业数量不足 3%，缺乏龙头企业的引领，也没有拿得出手的品牌。农业物联网等领域中使用的传感器产品基本上都来自国外，大部分的国内传感器企业规模一般，只有少量企业的年产值超过 1 亿元。

(4) 成本优势不明显。国内传感器生产成本高，且多数产品较为低端，提高技术水平需要进行工艺研发，需要大量的资金投入；再加上在市场竞争中处于劣势，收益较低，甚至出现亏损现象，传感器生产所需资金供给不足，还有大量传感器厂家没有实现对传感器的机械化装配，产出效率低，规模效益更是无法达到。

为改变传感器产业相对落后的局面，需要加大对传感器技术的研发力度，培养和聚集人才，进一步促进产学研结合。另外，政策引导、资金扶持等是促进传感器研发成果转化为现实生产力不可缺少的因素。传感器行业发展整体战略规划和传感器技术规范也应得到进一步明确。

3.1.3　传感器在畜禽业中的应用及其发展要求

畜禽业所使用的传感器多用于检测畜禽生命信息和畜禽环境信息，常用的有生物传感器、光电传感器、压力传感器、温度传感器、湿度传感器、气敏传感器等。传感器所获取的信息用来辅助判断畜禽的健康状况和生长情况、评估畜禽生长环境，以便满足畜禽生长需求，提升畜禽管理质量。

随着传感器核心技术的突破和传感器行业的发展，再加上大数据、云计算等的应用推广，传感器将更加广泛地应用于育种、繁育、饲养、免疫、出栏等畜禽业生产管理环节，为此，传感器需要从以下四方面进行性能优化，以适应畜禽业生产管理的要求。

(1) 提升检测性能。畜禽环境复杂多变，为促进传感器在畜禽业领域的应用推广，需要提高导体、芯片等的制造水平，从而提升传感器性能，确保信息检测的连续、实时与准确；也可以利用差动技术、补偿与修正技术、干扰抑制技术等增加传感器灵敏度，降低其受外界环境影响的程度进而减小误差。传感器材料和元器件性能易受使用时长影响，所以需要对传感器进行时效处理、老化处理等稳定性处理。此外，利用精制的半导体敏感材料、磁性材料，或是以薄膜工艺、光刻工艺等加工工艺进行传感器制造，都是改善传感器性能的有效途径。

(2) 智能化。我国生产的传感器种类繁多，但总体智能化水平不高。畜禽物联网发展对传感器的需求不仅停留在数据获取方面，也要求传感器具备数据校准和调节、数据分析等作用，因此，需要研发出集信息检测与转换、逻辑判断、统计分析、自诊断等功能于一体的传感器芯片，提高传感器的智能程度。这有赖于传感器行业提升核心技术自主研发能力，寻求人才、资金、政策方面的支持。

(3) 多功能化。传感器多功能化指传感器能同时检测多个参数，这对于削减成本与体积、提高性能指标具有重要作用。目前我国市场上的传感器功能相对单一，技术集成化程度不高，检测同一物体的各项参数往往需要使用具有相应功能的多种传感仪器。实现传感器的多功能化，需要开发电介质、强磁体等材料，研究纳米技术等新材料制备技术以及精密集成技术，以满足传感元件集成的需求。

(4) 微型化。使用传感器检测畜禽生命信息，要求传感器具备感应灵敏、携带方便、对被测畜禽干扰小等特点，即传感器的微型化。因此，传感器研发应从材料、技术等角度入手，如开发纳米相(Nanophase)等新材料，发展硅体微加工、晶片键合、LIGA、微机电系统(Micro-Electro-Mechanical System，MEMS)等技术，生产体积小且性能优异的产品。

3.2 射频识别技术

3.2.1 射频识别技术及其应用

使用射频识别技术能够在不与物体接触的情况下识别物体，并以电磁耦合(Electromagnetic Coupling)的方式获取目标对象的信息。

1. RFID 的特征

(1) 操作便捷。RFID 读写器和标签实现信息传输的距离可以达到几十米；RFID 阅读器还能同时识别多个物体，识别效率高；信息在读写器与标签之间传递耗时短，效率高。

(2) 标签容量大。RFID 标签存储信息量的最高限值为几兆字节，其容量远远大于条码载体。

(3) 安全性高。可以用循环冗余检查等方式检验 RFID 标签传递的信息是否发生了变化，也可以对数据进行加密保护，防止内容被篡改。

(4) 受环境影响小。RFID 能够穿过纸张、木材等非金属覆盖物进行穿透性通信，且在无光环境中也可以读取数据，没有可见性要求；RFID 标签对高温等环境条件的适应性强，使用寿命长。

(5) 复用率高。RFID 标签允许进行数据修改，所以标签可以多次使用。

2. RFID 系统组成及其工作原理

(1) 系统组成。RFID 系统由射频识别标签、射频读写器和信息系统构成。每一个射频识别标签都带有供辨识使用的 EPC 编码，标签内含天线和专用芯片，存储着物体的信息。射频读写器是用来读取或写入信息的设备，内含控制器和天线，其作用距离由本身的发射功率决定。信息系统向射频读写器发送应用指令，同时负责接收、分析、管理射频读写器发送的数据。

(2) 工作原理。RFID 系统的工作原理如图 3-2 所示。射频识别标签受射频读写器发送的射频信号驱动，通过内部天线发送数据信号，由射频读写器进行接收、解码并校验，接着发送至信息系统进行处理。

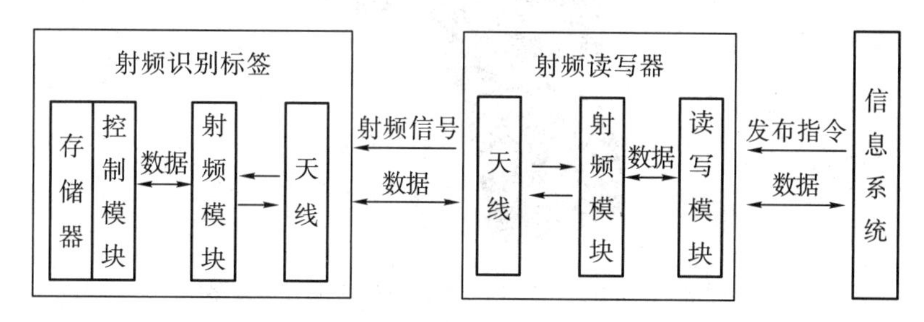

图 3-2　RFID 系统工作原理

3. RFID 在畜禽业中的应用

凭借操作便捷、信息存储量大、一签多用等特点，RFID 技术被应用于畜禽业领域，对提高畜禽业的规范化、智能化水平发挥了重要作用，其应用主要包括：

(1) 畜禽养殖管理。以生猪养殖为例，给每头猪佩戴具有唯一编号的 RFID 电子耳标，在其中写入生猪来源、品种分类、进场日期等信息，相当于给生猪办理了身份证。养殖过程中在耳标内补充养殖环境、生猪饲喂、疾病、免疫等方面的信息，建立完善的生猪档案，与养殖管理系统实现信息关联。

(2) 屠宰加工管理。生猪屠宰前根据生猪耳标内的信息判断其是否满足屠宰标准，并将问题生猪的信息送报至检疫单位，立即采取控制措施。生猪进入屠宰生产线后，将生猪耳标内的信息写入新的 RFID 标签(屠体标签)，并加入屠宰场编号、屠宰批次、屠宰时间、检验检疫等相关信息，与屠宰加工管理系统实现信息关联。

(3) 仓储物流管理。利用 RFID 装置采集畜禽产品流通信息，包括物流公司、运输车辆、运输人员、运输时间、储藏环境、出发地、目的地等，加上养殖屠宰环节的生猪基本信息，生成新的产品追溯码供认证产品质量使用。结合 GPS 定位系统，还可以实时监控运输过程。

目前，RFID技术的成熟度仍需提升，要扩大其应用范围，应注重增强功能、降低成本、提高数据处理效率。RFID读写能力有限，可以将其与无线传感网络（WSN）相结合，形成传感器射频识别网络，以增强信息采集能力，扩大信息传输范围；优化标签制造技术，生产无芯片标签、可注射标签、具有感应能力的标签等新型标签，以优良设计降低制造成本；与分布式计算方式相结合，则是RFID满足数据处理实时性要求的重要发展方向。

3.2.2 RFID设备

XC－RF2903（V3.0）型便携式读写器（如图3－3所示）是深圳市云辉牧联科技有限公司结合物联网应用场景需求而开发的新型便携式产品，它具有处理速度快、便携性良好、可适应多种应用场景、功能高度集成等优点。

图3－3 XC－RF2903（V3.0）型便携式读写器

该读写器具有UHF－RFID、4G全网通网络（数据）、Wi－Fi、蓝牙、GPS等功能，同时可选配条码模块、摄像头模块。其支持的协议包括GB/T29768协议（GB定制版）、EPC Global UHF Class1、Gen2/ISO18000－6C和ISO18000－6B。工作温度范围为－10～＋60℃，系统内存为2 GB，系统闪存为16 GB，待机时间为10天左右。综合考虑发射功率、标签和环境因素，其读标签距离为0～6 m，写标签距离范围为0～4 m，可以应用于各种需要读取标签的场合，是组成识别系统必不可少的重要组成部分。

云辉牧联的YH－TF－8612－IH电子耳标（如图3－4所示）采用一体化设计，由此杜绝佩戴过程可能出现的"虚戴"的情况，减少掉标；采用无毒、无异味、无刺激、无污染、耐水解、耐高低温和耐微生物性能的TPU为封装材料，从根本上提高了耳标的物理机械性能，可以有效保护内部芯片免受外部有机酸、水盐液、矿物酸等的侵害。耳标尺寸为50 mm×43 mm×1.6 mm，重4.5 g，采用注塑封装工艺，结合力大于200 N，设计寿命为1年，工作温度为－40～＋70℃，存储温度是－30～＋50℃，符合EPCglobal C1Gen2与ISO18000－6C标准，工作频率为860～960 MHz，读取距离为0～1 m（与配置情况有关），芯片参数为EPC 96bit（允许耳标号最长24个数字）。该电子耳标可以广泛应用于羊和猪等动物的管理领域，可作为动物专属的"二代电子身份证"。

图 3 - 4　YH - TF - 8612 - IH 电子耳标

与 YH - TF - 8612 - IH 电子耳标相比，YH - TF - 8613 - IH 电子耳标(如图 3 - 5 所示)的性能有了进一步优化。YH - TF - 8613 - IH 电子耳标以“又轻又小，一体化设计”“超高性价比”“超长寿命片芯设计”“注塑焊接成型工艺”“原装进口 TPU 原料”为产品特色，尺寸为 125 mm×76 mm×3.5 mm，重 2.9 g，结合力大于 250 N，设计寿命为 1 年以上，工作温度为－40～＋70℃，存储温度是－30～＋50℃，符合 EPCglobal C1Gen2 与 ISO18000 - 6C 标准，工作频率为 860～960 MHz，读取距离为 0～7 m(与配置情况有关)，芯片参数为 EPC 96bit (允许耳标号最长 24 个数字)。该电子耳标可以广泛应用于商品猪、商品羊等短生命周期动物的信息化管理。

图 3 - 5　YH - TF - 8613－IH 电子耳标

AUTOID UTouch(如图 3 - 6 所示)是江苏东大集成电路系统工程技术有限公司研发的一款轻薄型工业级 UHF RFID 手持终端。该读写器具有优异的多标签读写性能，RFID 标签群读速率大于 200 张/秒，读取距离可以达到 15 m；支持 2.4G/5G 双模 Wi - Fi，能满足信道干扰严重、漫游能力要求高、须快速回连等条件下的传输需求；支持北斗、GLONASS、GPS 三模高精度定位，可实现户外作业轨迹实时记录；支持 4G 全网通，能够为户外场景应用提供更高速稳定的数据传输；配置 6400 mAh 可更换电池且内置备份电池，续航时间能达到 24 小时，可应用于电力巡检、仓储管理、资产管理等场景。

图 3-6 AUTOID UTouch

3.3 光谱技术

光谱技术包含拉曼光谱技术、近红外光谱技术、高光谱成像技术等，这些技术可以通过对畜禽产品的 pH 值、TVB-N 值(Total Volatile Basic Nitrogen)、微生物成分、菌落总数(Total Viable Counts，TVC)、颜色、纹理特征、荧光代谢产物等指标进行检测，来判断畜禽产品品质，也广泛用于检测畜禽饲料成分、兽药残留等。与感官评定、理化分析、微生物学检验等传统检验方法相比，光谱技术在检测速度和准确性、操作便捷性、可检测指标数量、实时在线检测分析、成本等方面具有突出优势。

1. 拉曼光谱技术

拉曼光谱技术是一种用来检测物质结构成分的技术，它以拉曼光谱效应为基本原理，通过检测光谱特性来分析物质特征，以比对拉曼光谱间的差异，实现对不同物质的辨别。在激光技术、仪器学、光谱学等的研究不断深化的同时，拉曼光谱技术的功能也变得更加多样化，发展出了表面增强拉曼光谱技术(Surface-Enhanced Raman Spectroscopy，SERS)、共振拉曼光谱技术(Resonance Raman Spectroscopy，RRS)、共焦显微拉曼光谱技术(Confocal Raman Spectroscopy，CRS)、傅里叶变换拉曼光谱技术(Fourier Transform Raman Spectroscopy)等。现在拉曼光谱技术已广泛应用在生物医学、石油化工、物证鉴定、污染检测、农业检测等多个领域，可为各行业发展提供分子结构方面的信息。

与近红外光谱等无损光谱技术相比，拉曼光谱的水相荧光干扰很弱，因此在畜禽业中也具有良好的应用前景，如利用激光拉曼光谱技术通过一定的样品前处理对畜禽产品中的兽药和违禁药品残留进行检测；使用傅里叶变换拉曼光谱技术研究畜禽产品蛋白质变性机制和脂肪氧化情况，实现畜禽产品质量安全的直接或间接评价；使用表面增强拉曼光谱技术检测畜禽产品中的氨基酸、致病菌等。拉曼光谱技术在畜禽业中的具体应用主要包括以下几个方面：

(1) 检测饲料营养成分含量。为了确保畜禽能够得到足够的营养，在饲料配制过程中需要准确测定其中的营养成分含量。使用拉曼光谱技术可预测大豆组分、果糖含量、葡萄糖含量，从而判断其营养物质是否符合要求；利用表面增强拉曼光谱可以判断饲料中是否存在黄曲霉毒素，及时发现被污染的饲料，这在很大程度上也可以防止饲料掺假、造假和违规添加等问题的产生。

（2）评价畜禽产品品质。畜禽产品包括畜禽肉、蛋类和牛奶等，畜禽产品品质与其营养、安全等密切相关，营养物质含量、新鲜程度、微生物含量和有害物质含量等都是关键的评价指标。原有的畜禽产品品质评价多采用物理、化学或生物方法，以人工评测和分析仪器检测为主，这些方法极易对样品造成不可逆的破坏，检测速度慢且成本较高，使用局限性大。还有采用胶体金免疫层析法、生物传感器等虽然在检测灵敏度、特异性等方面具有优势，但受到成本和时长、抗体制备难度等因素的限制，使用较少。利用拉曼光谱技术检测在一定程度上避免了传统检测方式的弊端。通过拉曼光谱技术可以检测肉品中蛋白质、脂肪等营养成分的相对浓度和分布情况，进而判断畜禽产品质量；还能检测畜禽产品中的水分含量、蛋白结构、微生物含量等的变化情况，从而判断肉质变化情况，辨别鲜肉和腐败变质肉品；利用拉曼光谱技术还可以对乳制品中的三聚氰胺进行检测，通过分析拉曼光谱强度判断三聚氰胺浓度，从而检测出不合格产品。

（3）兽药残留检测。畜禽养殖不可避免会使用兽药，使用不当会造成药物在畜禽体内蓄积，出现不同程度的残留，为保障畜禽产品安全，兽药品种及其残留限量标准都有明确设置，但为了降低畜禽发病率，提高畜禽产品生产效率，不当使用兽药、不按规定休药等行为依然存在，给畜禽产品质量造成了严重的安全隐患。常用的畜禽产品兽药残留检测方法有薄层色谱检测、免疫学检测、拉曼光谱检测等，其中拉曼光谱检测过程简单直接、误差小，通过散射类光谱获取分子运动信息，进一步分析分子结构，进而得出畜禽产品样品中相关兽药组分含量是否超标。一些拉曼光谱食品安全检测仪除了可以检测大部分兽药残留，还能检测非食用化学物质和食品添加剂等，可检测项目多达百余个。

拉曼光谱技术检测具有效率高、实用性强等特点，畜牧业领域也已经有了这方面的应用，且具有极大的应用发展空间。各种类型的拉曼光谱设备逐渐实现高精度化、小型化、便携化，实际使用也更为便利，但就目前而言，拉曼光谱技术在检测稳定性等方面的性能仍有待优化，主要考虑以下几个问题：

（1）建立拉曼光谱模型需要以大量的数据检测和分析作为支撑，这一过程相对复杂。使用拉曼光谱技术检测畜禽产品时需要采用光谱曲线拟合、滤波去噪等方法对杂散光进行抑制，否则会对光谱信号造成干扰，降低检测的准确性。除此之外，还要深入研究光谱信号提取技术，以便在发现微弱信号时也能够进行恰当处理，在这种条件下，拉曼光谱痕量成分检测方面的应用也将获得进一步发展。

（2）在影响拉曼光谱散射强度的众多因素中，光学系统参数是极为重要的，因此，为使检测结果更为准确，需要设置合理的光学系统参数，进行系统模型优化。

（3）随着拉曼光谱检测技术在畜牧业领域的应用场景不断丰富，标准光谱图稀缺的问题日渐凸显。为解决这一问题，需要不断补充、更新拉曼光谱数据库中的内容，确保检测时能找到相应的光谱图进行比对。

（4）丰富拉曼光谱技术的检测方式和指标，并对其检测稳定性进行优化，使其能适应不同的检测环境，从而进一步拓展应用范围。

（5）国内将拉曼光谱技术应用于畜牧业领域尚处于起步阶段，实际检测应用并不多，多数院校及研究所仍在进行基础性研究，对于拉曼光谱仪等设备的研发能力不足，对技术应用推广造成了一定的阻碍。结合国内外先进设计经验，研发出实用性强、成本低廉的拉曼光谱设备并投入实际应用，是国内发展拉曼光谱技术的重点。

2. 近红外光谱技术

近红外光谱(Near-Infrared Spectroscopy，NIRS)是波长范围在可见光和中红外光之间的电磁波，谱区范围为780～2526 nm。通过近红外光谱分析可以测定畜禽产品中蛋白质、脂肪等有机物及兽药残留的含氢基团(O-H、N-H、C-H)含量，进而分析得到品质信息。近红外光谱技术结合人工智能算法能够实现实时快速、非破坏性、较低成本的畜禽产品品质无损检测，为了保证近红外光谱检测的准确性，需要选取大规模的样本数据对计算模型进行有效训练，这一过程相对繁琐，受此影响近红外光谱检测的精度有所欠缺，需要进一步提升。

3. 高光谱成像技术

高光谱成像技术(Hyperspectral Image，HI)集光谱技术和二维成像技术于一体，以提取、分析物体的光谱和图像信息达到物体无损检测的目的。使用高光谱成像技术检测畜禽产品品质的检测精度较高，但现阶段高光谱成像检测通常选用大量的波段特征或者结合应用图像处理技术，建模复杂且检测信息较多，在检测速度方面有所不足，难以满足在线检测需求。

3.4 二维码技术

二维码技术是对文字、图像等信息进行数字化编码和自动识别的技术。二维码(2-Dimensional Bar Code)由黑白两色的几何图形按特定规律排列而成，在水平、垂直方向都可以表达信息。二维码的发展演变基于一维码，在信息存储量、编码范围、容错能力、安全性、抗损性、译码可靠性等方面均有所提升，应用领域也更加广泛，常见的应用场景包括移动支付、电子证照、网页导航、文件保密、公共交通、产品溯源等。利用图像输入设备、光电识别设备即可识读存储在二维条码内的信息。

不同二维码的编码原理和结构形状有所差别，据此可以将二维码分为堆叠式二维码和矩阵式二维码。堆叠式二维码(如PDF417、Code16K、Code49等)由成行排布的一维码堆叠而成，两者因此具有相似的编码原理，差别则体现在译码算法和软件方面。矩阵式二维码(如QR Code、MaxiCode、汉信码等)由在矩形空间内排列组合的"点"和"空"表达信息，其中"点"代表二进制"1"，"空"代表二进制"0"。

1. 二维码应用系统

二维码应用系统使用二维码存储和表达信息，其组成如图3-7所示。系统的效能受二维码设计、二维码质量、识读设备选择等因素的影响。

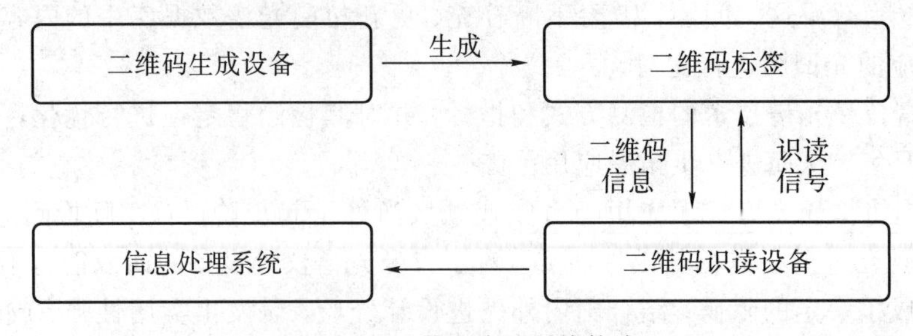

图3-7 二维码应用系统构成

二维码生成设备用于生成二维码标签；二维码标签用于承载信息；二维码识读设备用于扫码、译码，并将信息传输至信息处理系统；信息处理系统用于分析、管理所接收的信息。

2. 二维码技术在畜禽业中的应用

在畜禽业领域，二维码主要作为一种信息载体和信息传输接口，用于畜禽产品溯源，以保障畜禽产品质量安全，提高数据查询和共享效率。

在畜禽产品生产、流通过程中，各环节依次将产品生产及流通相关信息存储至二维码中，生成二维码标签，随产品流向市场。当产品最终到达消费者手中时，消费者通过条码识读器扫描二维码，即可查看畜禽产品的原始生产流通信息。此外，也可以集合二维码存储的信息建立产品溯源系统，消费者登录系统即可查看产品信息。

3.5 北斗卫星导航系统

北斗卫星导航系统(BeiDou Navigation Satellite System，BDS)由中国自主研发，与GPS、GLONASS同属于成熟的卫星导航系统。北斗卫星导航系统(简称北斗系统)在升级的过程中，其服务区域也在逐步拓展，2020年北斗三号系统投入应用，正式开始在全球范围内提供服务。

1. 北斗系统的组成

北斗系统的组成如表3-2所示。

表3-2 北斗系统的组成

组成部分	说明
空间段	包含若干颗GEO卫星、IGSO卫星和MEO卫星，这些卫星共同提供定位授时导航服务。其中GEO卫星具有覆盖范围广、可见性高、抗遮蔽性强等特点；IGSO卫星在低纬度地区的抗遮挡能力尤其突出，总是覆盖地球上的某一个区域；MEO卫星环绕全球运行，北斗系统由此实现全球服务
地面段	包含主控站、注入站和监测站等地面站，还包含星间链路管理设施
用户段	包括北斗兼容其他卫星导航系统的芯片、模块、天线等基础产品，以及终端产品、应用系统与应用服务等

北斗系统以“三球交汇”作为定位原理。卫星的位置是精确的，在GPS观测过程中得出3颗卫星到接收机的距离，利用三维坐标中的距离公式即可解出观测点的三维坐标。由于卫星的时钟与接收机的时钟之间存在误差，因此需要再利用一颗卫星，共得到4个方程式，从而准确计算出观测点的三维位置。

2. 北斗系统的功能

北斗系统具备基本的定位、测速和授时功能，其在全球范围内的定位精度优于10 m，测速精度优于0.2 m/s，授时精度优于20 ns。除此之外北斗系统还提供短报文通信(SMS)、国际搜救(SAR)、星基增强(SBAS)、精密单点定位(PPP)、地基增强(GBAS)等服务。其中短报文通信服务指的是卫星通信功能，这是北斗系统区别于其他卫星导航系统所单独具备的功能，通过该功能，即使通信、供电条件被破坏，以卫星信号承载、传输信息，也能满足定位、部分通信需求。

3. 北斗系统在畜禽业中的应用

北斗系统自投入应用，至今已进入农林牧渔、气象测报、交通运输、智能制造、救灾减灾等众多领域，对经济和社会发展的影响显著。就畜禽业领域来说，北斗系统的应用主要包括：

（1）畜禽定位。在畜禽放养过程中，给畜禽佩戴北斗定位项圈，采集其地理坐标，再通过通信网络传输至管理平台，就可以实时观测到畜禽的位置、精确轨迹和活动分布情况，从而强化对移动畜禽的管理。利用短报文通信服务，即使在缺少通信系统的情况下，项圈的定位功能也不会受到影响。

（2）畜禽环境监测。北斗系统结合遥感、地理信息系统等技术，常用于采集草地资源、水资源等畜禽业资源的信息，为放牧安排、资源规划利用提供参考，以畜禽业资源可持续利用推动畜禽业可持续发展。在环境监测过程中，利用北斗和物联网可以创新人工监测模式，及时获取畜禽环境指标信息，提供准确的数据，方便及时处理环境破坏问题。

（3）灾害预警监测。雪灾、洪灾、震灾等自然灾害具有巨大的破坏性，不仅会直接造成畜禽死亡，还容易引发畜禽疫病灾害，给畜禽业造成严重损失。利用北斗系统发展气象预报、灾害预警业务，有助于畜禽业生产管理部门做好气象灾害防范措施，从而减少损失；当灾害发生后，利用北斗系统可以实时监测灾害情况，为灾后治理提供实时、准确的信息。

3.6 无线视频监控

无线视频监控将监控技术与无线传输技术相结合，通过无线传输技术来传输图片、视频、声音、数据等信息，解决了传统监控系统布线繁琐的问题，具有技术先进、高效灵活、经济适用等特点，监控系统建设将主要朝着无线化方向发展。

1. 无线视频监控的特点

（1）成本低。采取无线视频监控方式，不用铺设电缆，材料成本和施工成本都有所减少；系统结构相对简单，故障率不高，另外对传输网络的维护由网络供应商负责，因此系统维护成本也低。

（2）实用性强。无线视频监控不受实际地形、周边环境影响，减少了监控盲区，扩大了监控范围，具有很强的实用性。

（3）扩展、移动方便。增加监控点只需要增加前端信息采集设备，无需新建传输网络；改变监控点只需要移动前端信息采集设备；用户可以通过移动终端设备获取监控信息，实现异地全天候监控。

（4）网络信号易受影响。无线视频监控优势明显，但是也存在一定的局限性。无线传输网络容易受恶劣天气、建筑物屏蔽等的影响，或者受到外部无线信号干扰，导致信号强度降低。

2. 无线视频监控系统的组成

无线视频监控系统（Wireless Video Monitoring System）由信息采集系统、无线数据传输系统、信息管理系统组成。摄像头是信息采集系统的基础设备，其信息采集过程包含摄像、信号转换、信号传输三个环节，每一个环节都能够对系统运行产生直接影响。无线数据传输系统通过 Wi-Fi、4G、5G 或者微波等无线宽带通信传输技术，采用点对点或点对多点的形式形成全面网络覆盖，传输监控信息。信息管理系统接收、存储、处理、反馈来自各个采集点的视频、图像等信息，并通过中心服务器向信息采集系统发送指令，控制前端信息采集设备。

3. 无线远程多节点视频监控系统(PMP+WLAN)

畜禽业领域如果采用点对点的视频监控模式，大范围监控养殖场、牧场需要铺设大量的电缆，铺设周期长、成本高，且维护难度大；另外还有一种稍先进的监控模式，就是采用 Wi-Fi P2P 传输图像，这需要大量的光纤电缆连线。这些费用开支大、设施要求高的监控模式使农业图像、视频数据的采集受到了极大的限制。

无线远程多节点视频监控系统应用 Mesh WLAN 组网技术，以点对多点无线通信的方式进行信息传输，同时运用信号频率调制解调技术减少设备之间的无线干扰，实现大范围的无线远程视频监控。用户可以通过终端设备随时查看实时监控信息，系统管理员还能通过平台发送操作指令，从而控制分布在固定区域的监控节点。无线远程多节点视频监控系统的具体部署方式如下：

将能够接入 WLAN 的监控设备(如支持 WLAN 的 IP 摄像头)布设在 Mesh WLAN 覆盖区域内，采取多点组网方式对 IP 视频信号进行远程监控，再利用 Mesh WLAN 网络将视频信号发送到网络中心。

网络中心存储视频，也为监控终端提供视频数据，因此需要配置大容量的存储系统。网络中心还配备了无线控制器或集中式网络管理系统，对无线 WLAN 设备进行统一管理。利用计算机等终端设备和可靠的网络连接，可以对监控设备实行远程管理。

无线远程多节点视频监控系统可以实时、直观、详细地对监控信息进行记录，方便相关人员进行管理，该系统主要具有以下特点：

(1) 借助无线网络进行监控信息传输，突破了因有线网络无法部署而无法实行监控的障碍，使得系统的构建灵活、高效。

(2) 不需要实地布线，使得监控材料、设备安装、设备维护等成本均有所降低。

(3) 图像信息能够通过数字视频监控设备转换成 IP 基础上的视频流，使得局域网、广域网甚至全球通信都可以通过超前的网络技术实现，不管在任何地方，只要有网络接入，管理者就能够进行各类监控操作。

(4) Mesh WLAN 自组网方式。传统的路由器网络组网环境存在很多缺陷，如大量使用有线电缆，使得铺设、勘探和后期维护成本较高，同时由于使用的 AP 较多，所以难以实现高效统一的管理。Mesh WLAN 方案可以节省 AC 控制器，相比传统技术具有以下优势：不用重复布线，将有线与无线进行一体化设计，如果 Mesh WLAN 网络中 AP 布置的设备出现问题，可将有问题设备用正常 AP 代替，维护网络运行。

(5) 使用支持 WLAN 的 IP 摄像机。IP 摄像机具有采集、处理模拟视频图像的功能，还能够直接提供 IP 网络接口。有些 IP 摄像机可以连接 Wi-Fi，对于不能连接 Wi-Fi 的 IP 摄像机，则可以通过 WLAN 无线网桥或 CPE 终端设备将无线信号转换为以太网接口，把 IP 摄像机转换成允许无线传输的无线视频前端设备。

3.7 遥感技术

遥感技术(Remote Sensing,RS)是一种物体探测技术，它通过卫星、飞机等遥感平台和仪器远距离采集目标对象的电磁波信息，经过信息处理分析，反映出目标特征，具有大范围同步观测、受环境限制少、时效性强、综合性强等特点。

畜禽业生产管理常使用遥感技术进行资源监测，通过遥感技术监测草地等畜禽业资源的数量和质量分异规律，精细划分植被与土壤，可以判断放牧是否合理，为畜禽业资源规划和畜禽生产整治提供科学依据。将同一区域不同时期的畜禽业资源遥感影像叠加对比，可以了解该区域的资源变化情况，检测是否存在畜禽业资源过度利用的现象，以便及时采取治理措施。与常规地面勘测相比，畜禽业资源遥感监测节约了大量人力与物力，经济效益显著。

第 4 章　畜禽物联网信息传输

4.1　无线传感网络

无线传感网络是由传感器节点自组织形成的分布式网络，负责汇集传感器获取的数据，是畜禽物联网中必备的传输网络之一。

1. 无线传感网络的拓扑结构

无线传感网络的拓扑结构如图 4-1 所示，其中包含传感器节点(Sensor Node)、汇聚节点(Sink Node)和任务管理节点(Task Manage Node)。

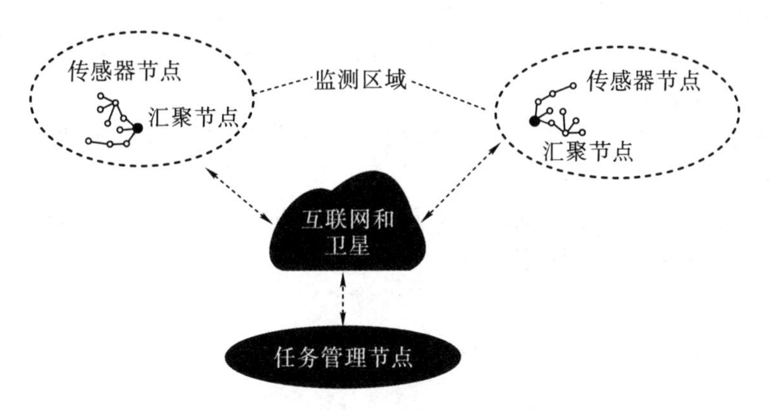

图 4-1　无线传感网络的拓扑结构

传感器节点可以看作是由传感、处理、通信、供能四个单元构成的小型嵌入式系统，可以完成较浅层次的信息存储、处理及传输任务，既是采集信息的终端，也是融合信息的路由器。汇聚节点主要负责转换通信协议，促进信息由无线传感网络向外部网络传输，因此该传感器节点也是具有无线通信接口的网关。任务管理节点负责下达监测指令，分析处理传感器采集的数据。

2. 无线传感网络的特点

(1) 规模大。监测畜禽业生产信息通常会使用较多传感器，在减少监测盲区的同时提高数据采集的准确性。

(2) 自组织。无线传感网络节点可以随意放置在监测区域内，各节点自行组网进行数据传输；当有传感器节点出现故障时，未发生故障的一些节点会自行接替完成监测任务。

(3) 易扩展。当某些传感器节点发生故障时，可以接入新的节点对其进行替换，在原有网络基础上也可以增加新节点，新旧节点重新组网，不会影响监测系统的正常运行。

(4) 可靠性强。通过无线传感网络可以获取人工无法前往采集的数据，传感器节点对环境的适应性强，不会被轻易破坏，能够实现稳定监测。

(5) 不同类型的传感器功能各异，每一种传感器能够采集的数据类型有限，所以在组建无线传感网络时，要以实际应用场景为依据加入具备相应功能的传感器，以达到使用目的。

4.2 ZigBee

ZigBee是一种短距离无线通信技术，在2.4 GHz、868 MHz、915 MHz频段运行，它的最大速率是250 kb/s，因此只能完成短距离、小量级的数据传输，常用于在小型电子设备之间进行信息传输，以及传输其他间歇性、周期性、低反应时间的数据。具体来说，ZigBee主要具有以下特点：

(1) 低功耗。以两节5号电池供能，ZigBee设备至少能够运行半年，最长可达2年之久，而在相同能量供给条件下，蓝牙设备只能工作几周，Wi-Fi设备只能维持几小时。

(2) 低成本。ZigBee协议免专利费用，其对通信控制器的要求较低，且模块成本也不高。

(3) 低速率。ZigBee的传输速率在20～250 kb/s之间，提供20 kb/s(868 MHz)、40 kb/s(915 MHz)及250 kb/s(2.4 GHz)的原始数据吞吐率，适用于传输低速率数据。

(4) 短时延。ZigBee设备反应灵敏，接入网络一般用时30 ms，唤醒ZigBee设备用时15 ms，尤其适用于发展无线控制应用。

(5) 大容量。一个星型ZigBee网络能容纳255个节点，多个ZigBee网络能组成可容纳65 000个节点的大型网络。

(6) 安全性强。ZigBee提供默认安全、访问控制和密码加密三种安全机制，通过访问控制和密码加密可以有效保障通信安全。

4.3 LoRa

LoRa(Long Range)是一种长距离无线通信技术，在433 MHz、868 MHz、915 MHz等频段运行，具有传输距离长、功耗低、节点多、成本低等特点，具体来说，LoRa通过线性调频扩频技术(Chirp Spread Spectrum，CSS)实现了远距离、低功耗通信，其连接没有基站要求，还能通过一个网关控制大量节点，组网方式灵活，建设成本低，LoRa也因此被广泛应用在智慧农业、智慧社区、智慧物流、智慧家居等众多行业，用来满足碎片化、低成本、大连接的物联网应用需求。

LoRa网络由终端节点、网关、网络服务器、应用服务器四部分组成，其中终端节点一般是各种感知设备，LoRa网关充当LoRa网络中的一个传输中继，终端节点首先通过LoRa无线通信与一个或多个LoRa网关相连，再通过4G/5G网络等连接网络服务器，应用数据可以双向传输。

4.4 NB-IoT

NB-IoT(窄带物联网)是基于蜂窝网络的物联网新兴技术，是4G/LTE网络的主要应用之一。作为低功耗广域网通信技术的一种，NB-IoT具备五大优势，分别如下：

(1) 部署方式灵活。NB-IoT包含独立部署、保护带部署和带内部署三种部署模式，它们之间的频谱、带宽、时延、容量、兼容性等都有所差别。

(2) 覆盖能力强。NB-IoT的覆盖能力比宽带LTE网络提升了约20 dB。

(3) 功耗低。在需要使用电池供电的情况下，NB-IoT能大大延长设备的续航时长，甚至可让电池使用寿命长达10年之久。

(4) 海量连接。保持相同的基站覆盖条件，与4G相比，NB-IoT的容量提升接近100倍，能够满足大量设备的联网需求。

(5) 低成本。NB-IoT的功耗、带宽、速率都比较低，因此芯片设计相对简单，且其不需要另行建立运营商网络，RF和天线均可再利用，由此实现了低成本。

在畜禽业领域，NB-IoT常被用来构建智能化畜禽监测系统，通过传输、汇聚传感器采集的信息对养殖环境、畜禽状况进行实时监测，实现养殖管理自动化和畜禽异常及时发现。在畜禽产品运输管理方面，NB-IoT也多被用来帮助生产者实时了解与产品运输环境等相关的信息，作为畜禽产品溯源的其中一个重要环节。可以说，NB-IoT完善了畜禽物联网的运行模式，提升了畜禽物联网的系统化、智能化水平。

4.5　Wi-Fi

Wi-Fi是IEEE820.11标准下的无线局域网技术，基于直接序列调制(Direct-Sequence Modulation)技术在2.4 GHz/5.8 GHz频段运行，它通过无线电波连接互联网，借助无线AP将宽带网络信号转发给无线网络设备，提供无线局域网服务。Wi-Fi对于构建大数据云服务平台、Mesh WLAN组网、点对多点通信网络、异构网通信网络等至关重要，是物联网系统中必不可少的无线连接技术。

Wi-Fi网络的组成部分如表4-1所示。

表4-1　Wi-Fi网络的组成部分

站点(Station)	Wi-Fi网络的最基础部分，其网络信号通过无线AP进行转发，信号覆盖范围内的无线设备即可连接Wi-Fi上网。接入站点的用户数量对Wi-Fi的连接速度有直接影响
基本服务单元 (Basic Service Set，BSS)	由一个基站和若干个站点组成，BSS内的站点之间直接通信，内部站点经由基站与外部站点通信
分配系统 (Distribution System，DS)	与不同的BSS连接，通过必要的逻辑服务将匹配地址分配给目标站点
接入点 (Access Point，AP)	是BSS内的基站，作用与网桥相似，可以接入分配系统
扩展服务单元 (Extended Service Set，ESS)	由BSS和DS组成，BSS通过无线AP连接到DS，再连接另一个BSS，由此构成了一个ESS
门桥(Portal)	相当于网桥，连接无线局域网与其他网络，也是外部网络数据进入IEEE802.11网络结构的途径

Wi－Fi 的优势主要在于：

(1) 构建方便。不需要铺设电缆，配备一个或多个无线 AP 设备即可实现网络覆盖，大幅度降低了网络应用成本。

(2) 灵活性高。在无线网络信号覆盖区域，用户可以选择任意位置接入网络，扩大网络覆盖范围时只需要增加无线 AP 设备。

(3) 传输速率高。Wi－Fi 能提供的最高带宽是 11 Mb/s，即使在信号强度不够的情况下也能通过自动调整带宽保证网络传输正常进行。

(4) 传输距离远。在开放场所 Wi－Fi 的传输距离能达到 305 m，在封闭场所为 76～122 m，其信号不受墙壁阻隔。

(5) 辐射小。按规定 Wi－Fi 的发射功率不超过 100 mW，实际上通常只有 60～70 mW，辐射较小。

由于 Wi－Fi 通过无线电波接入互联网，其传输速率会因受到外部干扰而有所降低，遇到障碍物时也可能会出现网络不稳定现象，因此 Wi－Fi 网络安全多通过用户认证加密来实现，在这些方面与有线网络相比有所不足。

4.6 4G

4G 是第四代移动通信技术，以 WLAN 为发展重点并融合了 OFDM、MIMO、SDR 等技术，在通信质量、传输速率和兼容性等方面与 3G 相比有了明显提升，其传输速度可以达到 100 Mb/s，上传和下载的带宽可达到 50 Mb/s 和 100 Mb/s，兼容 2G/3G 及卫星通信系统、WLAN 接入系统等移动通信系统，通信环境更为安全、灵活，保密性更好，抗干扰能力更强，网络信号更稳定，可以完成大部分的数据传输任务，是云应用发展不可缺少的技术基础。

在畜禽业领域，4G 作为信息传输载体发挥着关键作用。以云平台为中心，运用 4G 网络采用无线方式将畜禽业生产经营使用的智能终端联系起来，包括传感器、摄像头、大型农业设备、移动终端设备、展示平台等，可以实现畜禽业信息的采集、处理、分析和显示；由于 4G 具有高带宽的优点，可以更加快速、稳定地传输畜禽业生产经营环节的数据，提高信息共享效率；将 4G 与人工智能结合，应用人工智能系统对畜禽业生产经营状态进行自主判断，对生产管理操作实施自动调控，提升畜禽业发展的智能化、自动化水平。信息是智慧畜禽业发展必不可少的资源，4G 为畜禽业信息获取提供了重要的技术支撑，是推动畜禽业转型升级必须具备的技术条件之一。

4.7 5G

5G 是第五代移动通信技术，在频谱利用、网络覆盖、数据传输、用户体验等方面优于 4G，其频谱效率比 LTE 高 3 倍以上，每平方公里的设备连接数量可达到 100 万，峰值速率可以达到 10～20 Gb/s，网络通信时延低至 1 ms，用户体验速率达到 100 Mb/s。5G 与物联网结合应用将会对社会生产生活产生巨大影响。

在畜禽物联网方面，5G 可以发展以下应用：

(1) 提升畜禽业信息传输效率。利用 5G 网络传输畜禽业信息可以显著缩短数据传输时间，提高数据传输的稳定性，为开展精准、智能的生产经营决策提供保障。

(2) 促进畜禽业生产设备智能化。5G 网络覆盖能为畜禽业生产设备智能化提供强大的技术支撑，例如，农业机器人凭借感知、导航和控制技术完成喂养、挤奶、清洁等操作，5G 允许更多的机器人介入，可以提高机器人接收系统指令的速度和精确度，提高自动化作业水平。5G 也可以优化畜禽疾病诊断系统的性能，使畜禽疾病远程诊断更为便捷。

(3) 推动畜禽产品销售模式转型升级。5G 通过提高畜禽产品市场信息传播速度、促进信息共享打破畜禽产品销售的时空限制，推动以电子商务为代表的畜禽产品销售模式发展，优化畜禽产品管理、物流监管、基于大数据的消费行为研究等应用。

(4) 助力畜禽产品溯源。利用物联网、无线通信、数据库、电子标签、GPS 定位、二维码等技术实现对畜禽产品的双向追溯，可以让消费者了解畜禽产品生产的具体情况，也可以为畜禽产品质量安全监管提供便利。追溯过程产生的大量数据，受到传统无线通信技术的限制，使得数据实时传输存在困难，以 5G 作为数据传输的媒介能够对数据进行高速率、低时延的传输，从而提高溯源效率。

(5) 延长畜禽业产业链。运用 5G 技术发展观光畜禽业，优化牧区管理、游客服务方式，基于 5G 开展全景虚拟现实、AI 智慧游记等创新旅游体验活动，有助于吸引游客，促进畜禽业旅游经济发展。

4.8　4G Cat. 1

Cat. 1 的全称是 LTE UE - Category1，其中 UE 指用户终端(User Equipment)，Category 指的是分类、类别，Cat. 1 是用户终端所支持的传输速率的等级之一。终端速率等级划分如表 4 - 2 所示。

表 4 - 2　终端速率等级划分

UE - Category	最大上行速率 /(Mb/s)	最大下行速率 /(Mb/s)	3GPP Release
Category0	1.0	1.0	Release12
Category1	5.2	10.3	Release8
Category2	25.5	51.0	Release8
Category3	51.0	102.0	Release8
Category4	51.0	150.8	Release8
Category5	75.4	299.6	Release8
Category6	51.0	301.5	Release10
Category7	102.0	301.5	Release10
Category8	1497.8	2998.6	Release10
Category9	51.0	452.2	Release11
Category10	102.0	452.2	Release11
Category11	51.0	603.0	Release12
Category12	102.0	603.0	Release12
Category13	51.0	391.6	Release12
Category14	102.0	391.6	Release12
Category15	1497.8	3916.6	Release12

蜂窝移动物联网应用场景对网络容量的需求具有多样化的特点，大致可以划分为低、中、高三种类型，占比约为6∶3∶1。其中占比60%的低速率场景涉及路灯、智能停车、环境管理、市政设施等方面，一般由NB-IoT、LoRa进行数据传输；占比30%的中速率场景包含智慧农业、工业传感器、智能家居、共享支付、物流管理等业务，通常由Cat.1、Cat.4进行连接；占比10%的高速率场景，如视频监控、远程医疗、自动驾驶等则使用5G连接。

畜禽物联网属于智慧农业范畴，多为中速率连接场景，相比于传输速率，对成本和网络稳定性的要求更高。Cat.1的最大下行、上行速率分别可以达到10 Mb/s、5 Mb/s，能够满足畜禽物联网的数据传输需求且不会造成带宽浪费。Cat.1经过简单的参数设置即可接入现有LTE网络，系统集成度提高使得模组硬件架构有所优化，大量厂商参与Cat.1模组制造，使得Cat.1在网络覆盖、芯片、模组等方面的成本优势更为突出，比Cat.4低30%～40%，因此Cat.1比Cat.4更适用于畜禽物联网领域。

随着移动通信网络代际升级，蜂窝移动物联网连接将由NB-IoT、4G(含LTE-Cat.1)、5G共同承担。目前Cat.1已具备较为完善的网络设施基础，且国内尚未有技术可将其替代，因此Cat.1的应用前景广阔。

第 5 章　畜禽物联网信息处理和应用

5.1 大　数　据

5.1.1 大数据与畜禽业大数据

1. 大数据

大数据指用一般技术难以进行管理的复杂数据集合，通常需要采用大数据技术对其进行加工处理，从规模庞大的数据中快速筛选有价值的信息，从而挖掘出数据的利用价值。大数据的特征不能简单用“数据量大”来概括，种类多、变化快、价值密度低等也是它的突出特征，这也是常规技术和软件不能进行大数据处理的原因。具体来说，大数据具有以下特点：

(1) 大量(Volume)。大数据来源多，数据体量大，且始终在大规模增长，PB、EB、ZB等是其常用的计量单位。

(2) 多样(Variety)。互联网和物联网带动不同应用系统和设备的发展，同时也创造了更多的数据来源，如传感器网络、社交媒体、网络日志等，产生了新型多结构数据。按结构形式可将大数据分为三类，即结构化数据(如财务系统数据、医疗系统数据等)、半结构化数据(如 HTML 文档、网页、邮件等)、非结构化数据(如日志、视频、图片等)。

(3) 高速(Velocity)。高速是数据增长和处理的特征，网络时代数据高速增长已是必然趋势，大数据对数据处理速度也有更为严格的要求，通常需要在数秒内得出数据分析结果。

(4) 价值(Value)。在大数据中真正有价值的数据仅占很小一部分，价值密度低，大数据应用的关键则在于最大限度发挥这部分数据的价值，使其服务于实际应用。

随着计算机技术、信息技术、现代网络技术等的快速发展及应用泛化，各行各业所产生信息的数量在急剧增加，且包含数字、文字、视频、音频等多种形式，将有价值的数据从这些信息中分离出来并应用于现实生产管理，是大数据研究的关键目的。

2. 畜禽业大数据

用大数据理念、技术和方法进行畜禽业生产管理，于是产生了畜禽业大数据，它关系到畜禽业细分行业的数据挖掘和分析，涉及养殖、屠宰、加工、检验、销售和溯源等诸多环节，加快了畜禽业的发展步伐。我国的畜禽养殖量和畜禽产品的产量大，畜禽行业从业人员众多，因此产生了大体量的畜禽业数据。将这些数据应用于畜禽业生产标准建设、畜禽业布局、畜禽养殖、畜禽业产业经营管理等环节能够产生不可估量的价值，具体而言，畜禽业大数据可以从以下几个方面推动畜禽产业发展：

（1）发展精细化养殖管理。建立畜禽业信息数据库系统，利用物联网设备采集畜禽环境、喂养方式、畜禽生长特性、品种繁育、疫病防治等数据，将这些数据统一存储至数据库系统内，科学积累生产经验，同时为发展精细化养殖管理提供数据资料。在大数据研究基础上发展畜禽养殖生产，可以减少因养殖管理不善带来的损失，保证畜禽质量，提高经济效益。

（2）市场行情预测。通过大数据分析总结近年畜禽产品的供求变化，归纳引起市场波动的因素，如畜禽出栏量、产品质量、消费水平、国际市场变化、动物疫病等，预测市场形势和产品价格走势，根据行情制订生产规划，规避生产风险。

（3）养殖效益分析。养殖效益受养殖成本、出产量、市场行情等多种因素影响，养殖服务大数据平台可以对畜禽养殖所需的人力成本、饲料消耗等进行精细计算，如每头畜禽每月的饲料消耗量、出产一千克肉品所投入的成本等，结合畜禽总数及各阶段牲畜数量、养殖成活率、平均体重、市场变化等数据，可以评估年出产量及成本投入量，分析得出养殖效益，并反向驱动生产调节。

（4）畜禽行业监管。建设地方畜禽业大数据平台，统一存储当地畜禽养殖规模、市场价格趋势、疫病防治动态等信息，数据库及时对信息进行收集、检索、分类，确保数据的准确性，为监管部门监管畜禽生产提供便利。

（5）畜禽环境保护。动态监测与放牧有关的环境要素，利用大数据分析预测草场生态承载力的变化，在此基础上合理控制牲畜养殖规模，维护畜禽放养与牧草生长之间的平衡，有利于促进畜禽业生产的可持续发展。

（6）畜禽业电商平台建设。利用大数据建立畜禽业信息网站，提供与各地畜禽业、畜禽产品相关的信息，让消费者自主评估畜禽产品优劣，从而推动畜禽业电商平台建设，买卖双方在网上达成交易，进一步扫除消费盲区，扩大市场占有率，满足各地消费者对畜禽产品的需求。

（7）养殖户信用评估。金融服务对于扩大畜禽业养殖规模至关重要，信用评估不到位是阻碍畜禽业金融服务发展不可忽视的因素。利用养殖户的生产和交易大数据，建立养殖户信用评估体系，形成完整的信用档案，可以为畜禽业生产贷款和融资信用评估提供支持。

5.1.2 畜禽业大数据管理

畜禽业大数据涵盖了从畜禽业生产源头到畜禽产品销售的全部有关信息，包含各类物联网时序数据、关系型业务数据、电子地图数据等。建设畜禽业大数据管理系统，可以实现对上述数据的集中接入和分类存储，通过对数据进行治理、资源管理、计算、共享交换、可视化等处理，发挥数据的实际价值，以驱动畜禽业生产智能化、管理信息化以及经营服务在线化。畜禽业大数据管理系统架构如图 5－1 所示。

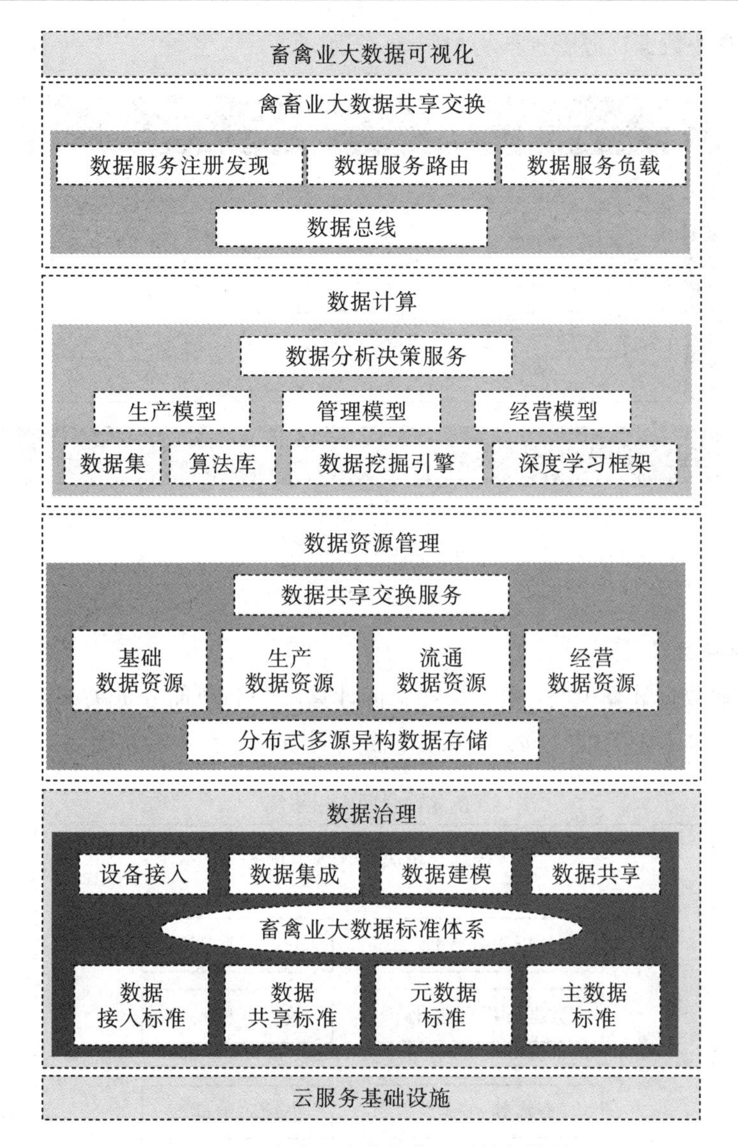

图 5-1　畜禽业大数据管理系统架构图

1）畜禽业数据治理

畜禽业数据治理的目的是确保数据质量和安全，针对数据接入和共享、元数据和主数据管理构建一套标准体系，通过对畜禽业信息化系统、数据技术、应用软件接口等进行统一规范管理，实现多源异构物联网设备的接入、数据集成、数据建模和数据共享。

2）畜禽业数据资源管理

基于分布式多源异构数据存储架构，将畜禽业数据分为基础数据资源、生产数据资源、流通数据资源及经营数据资源，再根据数据资源特点对其进行细致划分，形成不同的数据专题，如畜禽基础资源专题、畜禽养殖专题、养殖场管理专题、畜禽产品加工专题、畜禽产品营销专题、畜禽产品溯源专题等，并建立数据资源目录，实现对畜禽业数据的高效、清晰管理。畜禽业数据资源管理架构如图 5-2 所示。

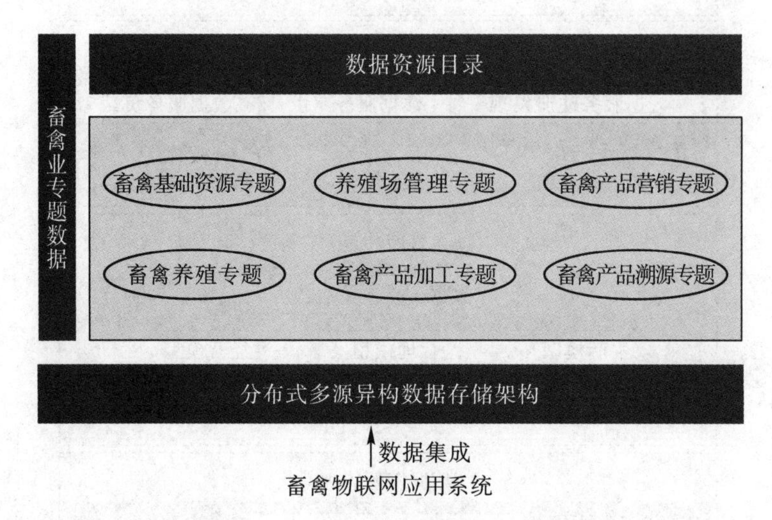

图 5-2 畜禽业数据资源管理架构

3）畜禽业数据计算

建立畜禽业数据计算中心，包括构建智能计算环境和智能分析决策模型，为畜禽业数据实际应用提供高效的智能计算分析服务。畜禽业数据计算中心功能结构如图 5-3 所示。

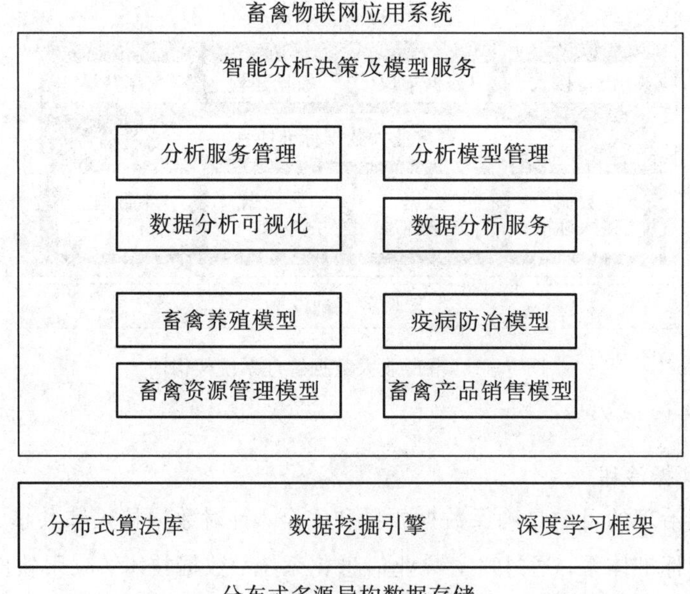

图 5-3 畜禽业数据计算中心功能结构图

(1) 智能计算环境。构建智能计算环境的关键在于建设分布式算法库、数据挖掘引擎、深度学习框架，以此为数据计算提供基础支撑。将智能计算环境与畜禽业数据专题库的数据资源相结合，可以为畜禽业应用系统提供辅助分析、决策的基础计算能力。

(2) 智能分析决策及模型服务。结合畜禽生产关键技术和特点，建立畜禽养殖模型、疫病防治模型、畜禽资源管理模型、畜禽产品销售模型等分析决策模型，模型通过数据关系挖掘、多目标优化、特征提取、样本训练、深度学习等方法，在智能计算环境的计算能力基础上，提供面向畜禽业全产业链的分析决策服务。

4）数据共享交换

构建集成数据共享服务注册、数据服务负载均衡、数据权限认证等功能的畜禽业数据共享交换中心，作为面向畜禽业全产业链的数据共享交换中心节点，为畜禽业相关主体提供畜禽业公共数据资源共享交换服务。数据共享交换业务包括：与国家级、省级数据服务平台进行数据对接；开放畜禽业数据资源中心并共享数据资源，使畜禽业相关应用系统能够通过统一服务接口调用数据资源；共享基于畜禽业数据的分析、计算和挖掘服务，共享数据分析能力。

5）数据可视化

通过GIS、统计图表等可视化方式直观、准确地呈现畜禽业数据资源，包括在电子地图上显示畜禽生产基地及生产设施，在系统平台上展示物联网设备采集的数据、畜禽业应用系统、畜禽业全产业链数据分析结果，确保畜禽业全产业链全程可视。

5.2 云 计 算

云计算是一种基于互联网的计算方式，涉及的关键技术包括虚拟化、软件定义、分布式存储、网络技术等。云计算能够分布进行数据处理，计算资源并统一存储在可配置的共享资源池内，用户通过网络获得资源使用权，按需使用，按量付费。

使用灵活是云计算的一个突出特征，“云”提供硬件、软件、存储、网络等服务，资源可以快速开通和部署，且能随业务需求弹性增减，不需要预留；性价比较高，以资源租赁取代资源建设，用户只需要为实际使用的资源付费，避免了冗余资源投入；对云资源的管理和维护由云运营商负责，减少了资源维护成本。在安全性方面，云服务安全由云运营商和云租户共同维护，各自的安全责任通过法律声明或服务合同进行明确界定。

5.2.1 云计算的三种部署模型

云计算能为用户提供高效的数据存储、计算与分析服务，其主要通过不同的部署模型来满足多样化的需求。云计算的三种部署模型包括：

(1) 公有云(Public Cloud)。公有云的IT资源由第三方服务商配置，用户直接使用公有云上的应用程序和服务，无需投资建设，也不用担心设施维护问题，典型的公有云服务商有微软、谷歌、亚马逊、阿里巴巴等，常见应用案例包括在线教育、视频网站、云游戏、云存储等。公有云的不足之处主要体现在安全性方面，用户将数据交由外部存储，一定程度上增加了安全风险，且公有云不受用户管理，系统可用性难以控制。

(2) 私有云(Private Cloud)。私有云的IT资源由用户自行配置，访问用户有限，服务内容可根据实际需求进行调整。内部部署有效保障了数据安全，系统可用性由用户控制，服务质量较高，多用于大型企业内部和政府部门，但是私有云的建设成本较高，其严格的安全保障也可能会给远程访问造成一定的阻碍。

(3) 混合云(Hybrid Cloud)。混合云集公有云和私有云于一体，能实现资源弹性伸缩和快速部署，也能保障安全性能。用户通常使用公有云的计算资源，将关键业务放在私有云上运行。混合云常用于灾备、软件开发、文件存储等方面。

目前，国内云计算正处在高速发展的阶段，与公有云相比，私有云在数据安全性、服务稳定性、部署灵活性、资源利用效率等方面均具有优势，但是所需前期投入远多于公有云，公有云凭借成本优势已成为云市场的主导。随着用户对数据安全、应用开发、部署成本等要求的变化，多个云结合应用，尤其是混合云将有望成为用户的主流选择。

5.2.2 云计算的三种服务模式

按云计算所提供服务的具体内容划分，其服务模式被分为以下三种：

(1) IaaS(Infrastructure as a Service，基础设施即服务)。云服务商提供存储、网络、服务器、虚拟化技术等设施，软件开发平台和应用软件则由用户自行开发。目前，国内 IaaS 市场已相对成熟，逐渐取代传统的 IT 市场向用户提供 IT 技术服务，但在行业内仍有较大的发展空间。AWS(Amazon Web Services)和微软在全球 IaaS 厂商中居于领先地位，已形成规模效应，具有中小厂商所不具备的运营和资金实力。国内的新兴 IaaS 厂商在市场云需求扩大、用户对 IT 基础设施个性化要求提高的形势下，凭借自身技术实力，仍可谋求一些发展机会。

(2) PaaS(Platform as a Service，平台即服务)。云服务商为用户提供开发环境和管理平台支持，如系统管理、数据挖掘等，应用软件由用户自行开发。PaaS 又可分为 aPaaS(应用开发平台即服务)、iPaaS(集成平台即服务)两类，其中 aPaaS 介于 PaaS 和 SaaS 之间，从应用和数据层面入手，通过模块组合实现应用搭建与部署，降低应用开发门槛；iPaaS 介于 PaaS 和 IaaS 之间，从虚拟主机和数据库层面入手，通过 API 接口整合多平台应用，联通系统数据和功能，减少软件之间的壁垒。

(3) SaaS(Software as a Service，软件即服务)。云服务商提供应用软件，用户按需求在线租用基于 Web 的软件服务，并支付相应的费用，具有初始费用低廉、使用方便、升级成本低等优点，广泛应用于数据分析、经营管理、办公沟通等领域。SaaS 在国际云服务市场上占主导地位，国内的软件云化趋势也日渐明显，并形成了 SaaS 业务盈利模式，提高了软件的附加值。

作为分布式的计算、存储技术，云计算弥补了传统 IT 架构的不足，行业数字化发展也将催生更多的云计算应用。综合考量安全性、运行模式、成本收益等因素，数字化领域将形成以云计算为主、云计算和传统 IT 架构并行的发展状态。

5.2.3 云计算在畜禽业领域的应用

云计算在畜禽业领域的应用主要包括：

(1) 畜禽业生产管理。畜禽业信息化必然伴随着各类型数据的大量增长，如文字、图片、视频等，云计算可以满足对这些数据的处理及存储需求，弥补人工及常规软件信息处理的不足，降低数据丢失的风险。将云计算和物联网相结合，可以实时掌握畜禽生长及其所处环境相关信息，及时发现存在的问题，采取相应的处理措施；根据数据分析结果，可以对动物生长及环境变化趋势作出判断，将更多生产因素纳入掌控范围。

(2) 畜禽业信息共享。将畜禽业信息整合上云，相关主体都可以随时通过网络访问云端的信息资源，由此提升资源共享效率。此外，将云平台存储的畜禽业信息用于建设信息搜索引擎，方便用户快速、准确查找所需信息，通过信息资源整合及共享利用，解决信息资源分布不均及利用率低、相关主体沟通欠缺等问题。

(3) 畜禽产品市场走向预测。利用云计算、数据挖掘、智能预测、可视化等技术，可以建设畜禽产品供求信息分析系统，通过分析畜禽产品种类及供求量、产品价格等市场信息，预测市场行情和走向，总结得出影响市场形势的因素，方便生产者及时调整生产经营策略。

(4) 畜禽产品追溯。将畜禽产品溯源信息统一存储在云平台进行管理，确保所有产品都能被追溯到生产源头，当畜禽产品质量安全问题发生时，可以高效、准确地调用问题环节的信息，有效问责，对保障畜禽产品质量、规范畜禽产品市场具有重要意义。

5.3　边缘计算

5.3.1　边缘计算概述

物联网产生的海量数据被利用之前必须进行处理，这些数据通常被传输到云计算中心，由云计算中心对其进行集中存储和计算。随着物联网应用领域的不断拓展，物联网设备急剧增加，数据大幅增长，在网络带宽、传输时效性、异构接入等方面产生了新的需求，如果仍将物联网数据统一传输到云计算中心进行处理，就容易出现网络拥塞、系统延迟等问题，在智能性、实时性、稳定性、安全性等方面有着许多不足。为弥补云计算的这些不足，边缘计算(Edge Computing,EC)应运而生。

边缘计算实际上是一种分布式计算方法，它将网络、计算、存储、应用等服务功能从网络中心转移到网络边缘，减少了业务的多级传递，大量物联网设备可以协同开展工作。边缘服务器靠近终端设备，在数据源附近进行计算分析和处理，从而在很大程度上减少了数据传输量，降低了服务响应时延且增强了网络效能。综合来看，边缘计算主要具有低时延、节省带宽以及安全性和隐私性高的优点，目前多应用于智能制造、智慧城市、车联网等领域。

5.3.2　引入边缘计算的畜禽物联网

畜禽物联网包含感知层、传输层、处理层、应用层四层架构，在畜禽物联网中引入边缘计算，能够使其中的每个边缘设备都具备数据采集、传输、处理、计算能力，从而实现快速接入异构设备、及时响应服务要求等功能。畜禽物联网与边缘计算结合，主要是将边缘计算加入感知层与传输层之间，智能设备采集的信息先交由边缘计算进行初步处理，接着传输到物联网云平台开展后续处理，最终实现智慧畜禽应用。引入边缘计算的畜禽物联网架构如图5-4所示。

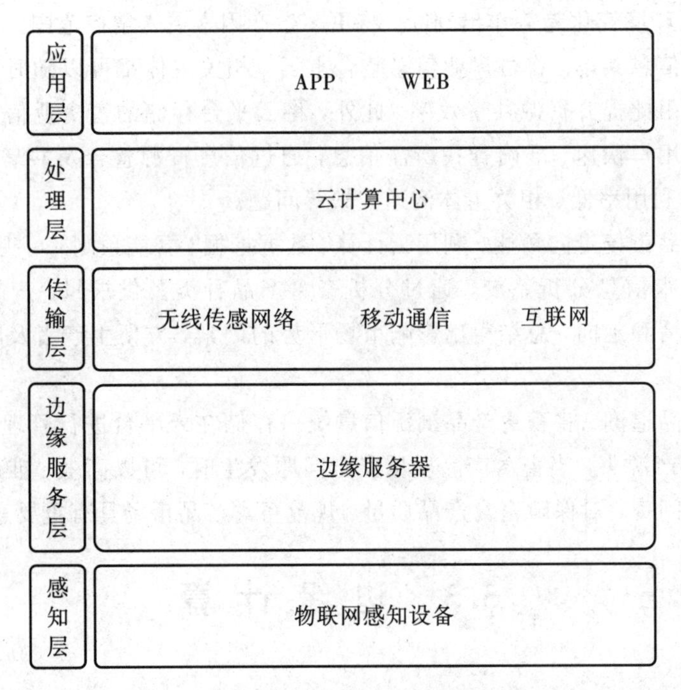

图 5-4 引入边缘计算的畜禽物联网架构

随着物联网终端设备增多及其类型多样化，通常会存在一些设备的通信接口无法联网、设备组成内部无线局域网而不能兼容外部设备等问题，要解决这些问题，满足网络容量和非同类设备的连接需求，则需要使用智能网关(Gateway)，如图 5-5 所示。在基于边缘计算的畜禽物联网系统中，智能网关用于实现边缘计算，从而保障整个系统的正常运行。

图 5-5 智能网关

智能网关由硬件和软件组成。其中硬件部分通常包含 CPU 模块、以太网模块、4G/5G 模块、Wi-Fi 模块、CAN 模块、串口模块和电源模块等。智能网关硬件结构图如图 5-6 所示。

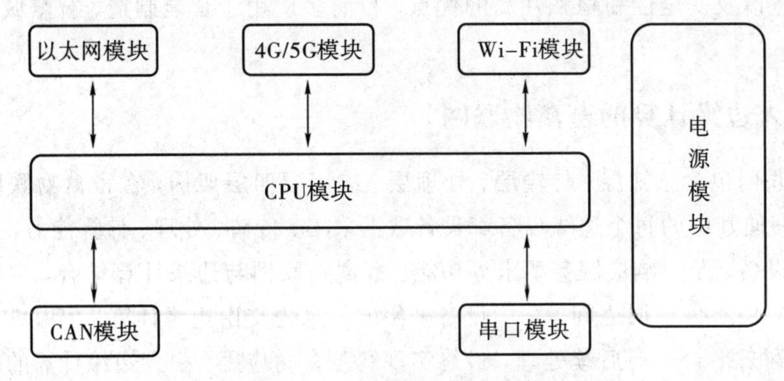

图 5-6 智能网关硬件结构图

智能网关软件部分由 Linux 系统、库函数(Library Function)、协议解析程序、数据融合程序、通信网络程序、设备管控程序等组成。智能网关软件架构如图 5-7 所示。

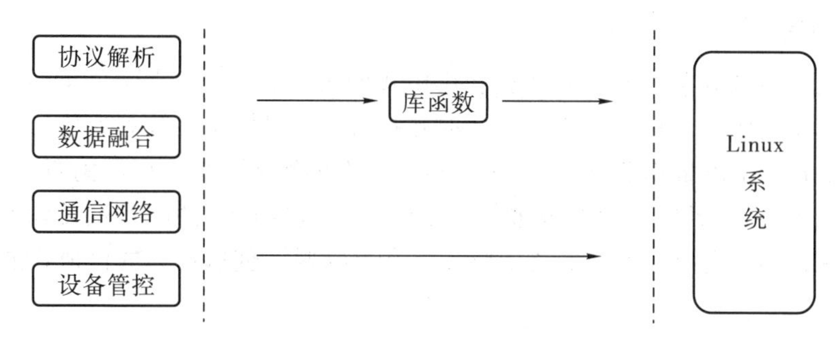

图 5-7　智能网关软件架构

具体来说，智能网关的核心功能和优势体现在以下几个方面：

(1) 提供网络。智能网关可以为物联网终端设备提供通信网络，通常支持蓝牙、ZigBee、Lora 等无线通信功能，支持 4G、5G、Wi-Fi、GPS、北斗等网络接入，具有 RS485、RS232 等以太网接口，从而满足大量设备同时接入网络的需求。

(2) 数据采集。网关内置庞大的协议栈，具有强大的接入能力，可以实现各种通信技术标准之间的互联互通，通过协议自适应解析实现数据采集功能。

(3) 数据处理。网关采集数据后，对这些来自不同设备的数据进行预处理和融合分析，由于可以通过网关本身而不是在云中执行数据处理，因此还可以减少数据损耗和延时。

(4) 数据上传。网关通过数据预处理筛选出有用的信息传输到云平台，由此减轻了数据传输和计算的压力。

(5) 设备管控。智能网关采集物联网终端设备的网络状态、运行状态等信息后上传至云计算中心，从而实现对物联网设备的实时监控、诊断和维护。

(6) 安全保障。连接到网络的传感器等终端设备容易遭受外界入侵，而网关可以采用加密算法对数据进行加密，维护数据安全。

智能网关功能结构图如图 5-8 所示。

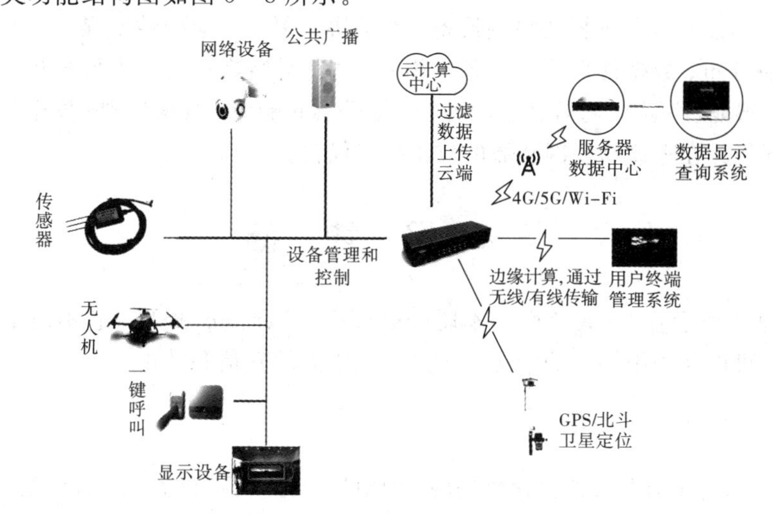

图 5-8　智能网关功能结构图

5.3.3 边缘计算的畜禽物联网应用展望

1. 边云协同

边云协同指的是分布式的边缘计算和集中式的云计算相互协同，共同进行数据处理，其中边缘计算主要为本地业务处理提供实时数据分析、智能化决策等支持，云计算则支撑全局性业务处理。在畜禽物联网应用中，可以利用边缘计算在数据源附近对数据进行过滤、清洗，再传送到云计算中心开展进一步处理，以减轻网络负担，提高传输效率。边缘计算和云计算在网络、应用等方面的协同将支撑畜禽物联网创造更大的价值，加快推进畜禽业转型升级。

2. 融合 5G

边缘计算与5G相辅相成，两者融合发展有助于实现更为广泛的物联网应用。一方面，应用边缘计算能够解决5G应用存在的部分问题。例如，eMBB要求网络带宽达到数百Gb/s，网络传输压力大；mMTC将进一步增加数据量，云计算中心无法完成对如此大规模数据的处理；URLLC要求端到端的时延低至1ms，仅依赖现有传输技术难以满足该时延需求。而边缘计算通过将应用程序转移至边缘运行，对部分数据进行初步分析，为云计算中心承担部分工作，可以减小网络传输压力，缩短因数据传输速度和带宽限制产生的延时。

另一方面，因为边缘计算能够赋能5G，所以在技术、资金等资源大量投入促成5G商用的同时，边缘计算也将借此机会获得部分发展。此外，5G是物联网关键技术之一，5G技术进步将催生更多的物联网应用，数据量也会有所增长，边缘计算被用于处理数据的需求随之增加。

在畜禽物联网领域，虽然目前5G、边缘计算在该领域的应用很少，但可以预见的是，随着我国畜禽业规模化、标准化程度加深，5G和边缘计算将更多地应用在畜禽物联网领域，作为技术动力推动畜禽物联网发展。

3. 边缘智能

畜禽物联网涉及各种各样的终端设备，网络协议复杂，异构性明显，且不同畜禽物联网应用的设备分布、数据处理需求等各不相同，边缘计算在应用于发展畜禽物联网的过程中，将与人工智能、深度学习等技术相融合，提升实时响应、数据处理、安全保护等方面的能力，从而促使其在畜禽物联网领域的应用持续优化。

5.4 区 块 链

区块链这一概念在2008年由中本聪(Satoshi Nakamoto)提出，它本质上是一种分布式记账技术，可以在去中心化的情况下维护节点之间的互信和共识。

5.4.1 区块链的基础架构

区块链的基础架构中通常包含数据层、网络层、共识层、激励层、合约层、应用层六个部分，如图5-9所示，其中数据层、网络层、共识层是构成区块链的必要层级。

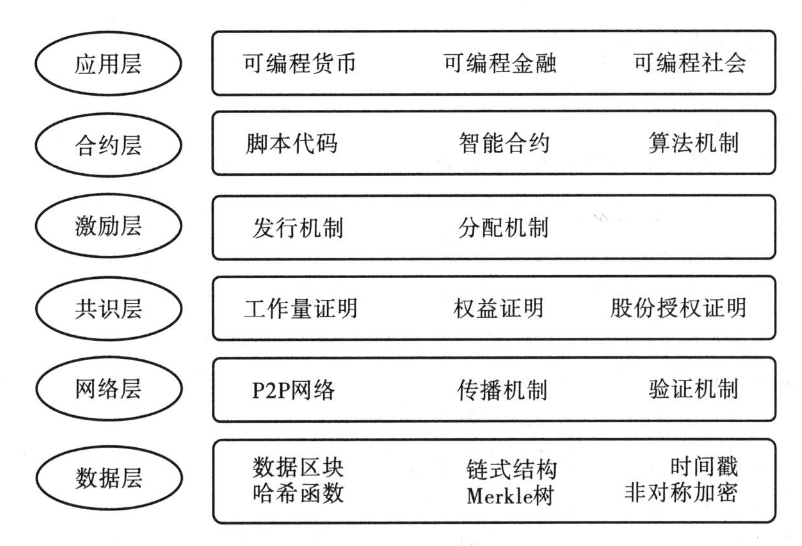

图5-9 区块链基础架构

(1) 数据层。数据层处在区块链的最下层，数据分布存储在区块中，不同区块以时间为序连接成主链条，新的区块通过验证后也会被添加到主链上。

(2) 网络层。网络层服务于节点之间的信息交流，其中的网络实质上是P2P网络，该网络没有中心服务器，通过用户群交换信息。

(3) 共识层。共识层采用共识机制来维护节点之间的一致性，让去中心化的节点针对数据和交易达成共识。

(4) 激励层。激励层一般存在于公有链中，按规则对节点实行激励或惩罚，从而维护系统秩序。

(5) 合约层。合约层中包含各类脚本代码、智能合约和算法机制，赋予账本可编程的特性，并对数据交易方式及相关细则作出规定。

(6) 应用层。应用层封装了区块链的各种应用场景和案例，例如比特币就是区块链的应用项目之一，未来的可编程金融、可编程社会也将会搭建在应用层上。

5.4.2 区块链核心技术

区块链涉及的技术类型多样，其中核心技术包括：

(1) 密码学技术。区块链使用的密码学技术包括数字签名、哈希算法、非对称加密等。数字签名是数字资产的所有权凭证；哈希算法是一种防止交易信息被篡改的单向密码机制；非对称加密通过公钥和私钥进行数据加解密，以此保障区块链交易数据的安全。

(2) P2P网络。P2P网络使节点之间可以进行数据的直接访问，而不再受中心机构的干预。每个节点既向其他节点提供数据资源，也从其他节点处获取数据资源，整个网络的各个节点没有层级之分。区块链不同功能模块所设计的节点也不尽相同，按功能分有全节点、共识节点、矿工节点；按共识角色类型分有客户端节点、提交节点、验证节点。

(3) 共识机制。区块链去中心化，意味着区块链中不存在可以对交易进行统一管理的中心机构，因此使用共识机制来保障交易的有效性和一致性。

5.4.3 区块链的特征及类型

1. 区块链的特征

(1) 去中心化(Decentralization)。这是区块链最核心的特征，区块链中的节点不由统一机构实行管理，所有节点以共识机制为基础，共同参与数据记录、存储与维护。

(2) 公开透明。区块链系统并不是封闭的，除了节点的私有信息，其余信息都是公开透明的。即使某一区块的数据发生问题，也不会导致所有交易记录和数据资产遭到破坏。

(3) 独立自治。区块链上的节点利用点对点网络和共识机制，在系统内自主验证、交换数据，不需要任何第三方提供中介服务。

(4) 不可篡改。区块以时间为序排列组成区块链，因为时间无法逆转与更改，所以区块链也无法被篡改。另外，区块链上的信息分布式存储至各节点，修改单个节点内的信息并不会对整个系统造成影响。

(5) 可被追溯。区块以时间顺序排列，并盖上了时间戳，所以区块链上的交易信息是连续且唯一的，区块之间以哈希函数为链条头尾相连，可以按连接顺序依次追溯区块中的交易信息。另外，参与者在交易过程中要进行私钥签名确认，交易信息被记录在案，如果交易出现问题，通过区块链就可以精准识别问题环节。

(6) 身份隐匿。利用数字签名和公私钥加密技术，各区块节点进行交易时不用公开真实身份，而是以区块链的底层技术架构和协议为信任基础进行匿名交易的。

2. 区块链的类型

(1) 公有区块链(Public Blockchains)。公有区块链是最早产生且应用最广的区块链。公有区块链完全去中心化，其中的所有交易数据都是公开的，用户访问网络和区块不需要经过注册和授权，读取数据、发送交易等的权限对所有用户开放，全网每一节点都有权参与其共识过程，因此公有区块链也被称为非许可链，其通过加密算法维护交易安全。然而，高度的去中心化限制了区块链的吞吐量和交易速度，参与交易的节点过多容易造成系统运行缓慢。

(2) 联盟区块链(Consortium Blockchains)。联盟区块链也叫行业区块链，其部分去中心化。节点加入联盟链需要经过授权，且被设定了权限范围，通常只有部分被预选的节点拥有记账权限，其余未入选的节点则没有记账权限，只能参与交易，各节点根据权限查看信息，以此保护区块链内的信息安全。联盟链的节点数量比公有链少，因此其交易效率比公有链高，所有节点共同维护联盟链的正常运行。

(3) 私有区块链(Private Blockchains)。私有区块链去中心化的程度最低，保留了分布式特征，使用总账技术进行记账。私有链上的读写权限为个人或组织所有，交易数据只向内部开放，严格限制数据访问及编写，因此适合对业务有高保密要求的组织内部使用。另外由于节点不多且彼此之间达成共识的过程相对简单，修改规则或进行某一交易不用经过全部节点的验证，因而私有链在交易速度和交易成本方面具有明显优势。

5.4.4 区块链在畜禽业领域的应用

区块链在去中心化的情况下，运用算法和技术架构建立起信任机制，在畜禽业领域有着广阔的应用前景。

首先，分布式账本能够服务于畜禽业业务交易，辅助账款收入、支付结算、资产转移等操作。其次，将养殖户、加工企业、物流企业、批发商、销售商等纳入区块链，各利益主体利用物联网技术采集所处环节的数据，包括养殖生产、加工处理、物流配送、出入库管理等，并与区块链平台对接。各主体在上传数据时需要签名确认，以明确数据来源和各环节的责任人，避免出现问题时无处追溯；当数据通过区块链节点的认证后，正式存储在区块中；数据变更操作都是公开透明的，各方相互监督，保证信息无法被篡改；最终依托追溯平台，公众通过扫描二维码等方式，即可获取区块链上的溯源数据，从而满足消费者对畜禽生产透明化和畜禽产品质量安全的要求。另外，在利用溯源系统提升信用等级的同时，畜禽企业可以借助区块链平台实现与金融机构、保险机构、政府监管机构之间的畜禽信息共享，为金融投资、保险理赔提供便利的资产评估渠道，帮助畜禽企业获得金融、保险服务，进而扩大产业规模。

5.5　人工智能应用

人工智能(Artificial Intelligence，AI)是对人类思维进行模拟、延伸和扩展的科学技术，它在人类智能活动规律基础上，研究智能理论和方法，开发智能技术和应用，以代替人的智力活动解决实际问题。目前人工智能的研究成果包含机器人、数据挖掘、计算机视觉、专家系统、智能控制等技术，智能化应用广泛。

物联网由监控手段应用、M2M深度应用向真正意义上的智能化应用发展，不再局限于简单的传感器接入、网络传输或行业应用，这一进展也离不开人工智能。人工智能赋予物联网人工智能机器的特性，使物联网能够在没有人类参与的情况下，自动识别、处理所接收的信息，并及时反馈处理结果，发布控制指令。在畜禽物联网领域，专家系统、图像识别和神经网络等人工智能技术与物联网感知、传输技术相结合，应用于养殖设施智能化、畜禽疫病诊断、生产销售分析等方面，对推动传统畜禽业发展发挥了重要作用。

5.5.1　专家系统

专家系统(Expert System，ES)是一种智能计算机程序系统，以专家知识为基础，用专家的思维解答人类提出的问题，可以达到与专家解答相近的水平。

1. 专家系统基本结构

专家系统一般包括人机交互界面、知识库、推理机、数据库、解释器、知识获取六个部分，如图5-10所示，系统结构随其类型、功能、规模变化而变化。

人机交互界面是展示用户与系统交流信息的界面，用户查询问题、系统输出反馈结果都需要通过该界面来进行；知识库是专家知识的集合，其容量和质量对系统功能有直接影响；推理机是基于知识库的问题推理程序，相当于专家解答问题时的思维方式；数据库也称为动态库，存放着初始数据、推理路径、推理中间结果以及推理结论；解释器对得出结论的过程进行解释说明；知识获取即系统的学习功能，负责运用外界知识对系统知识库进行完善。

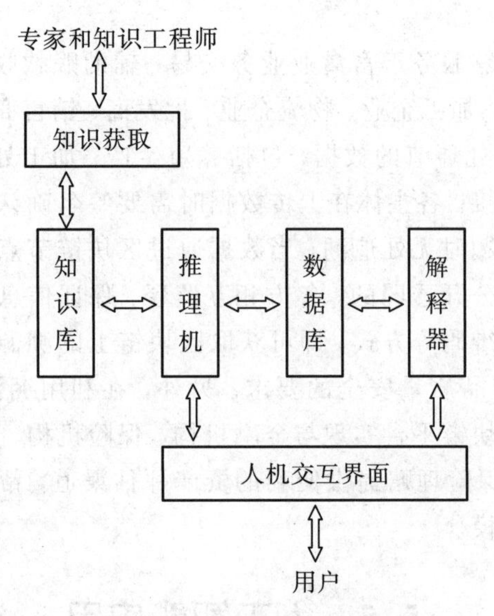

图 5-10 专家系统基本结构

专家系统的基本工作流程是：系统通过知识获取将专家和知识工程师等提供的知识存储在知识库中，用户通过人机交互界面提出问题，推理机基于知识库存储的知识对问题进行推理，数据库存储推理结论，解释器对问题推理流程和结论作出详细说明，并最终呈现给用户。

2. 专家系统在畜禽业领域的应用

建设农业专家系统，通过智能化手段进一步发挥专家经验和知识的价值，可以让专家及其专长不受时空限制，为畜禽生产管理提供服务，这从一定程度上满足了畜禽生产对专业人才的需求，弥补了畜禽管理水平的不足。通过畜禽业专家系统，养殖人员可以获取生产建设、管理决策、效益预测等方面的专家建议，咨询饲料生产、饲喂管理、育种繁殖、疾病诊断、卫生防疫等方面的知识。另外，养殖人员与专家可以在线交流，进行实时远程问答；畜禽疫病诊断时，可以将染病畜禽样本图等资料共享给专家，专家根据实际病症开展远程诊断；将养殖现场的摄像系统与专家系统相连接，专家即可通过远程访问的形式查看现场情况，方便及时给予技术指导。

5.5.2 神经网络

人工神经网络（Artficial Neural Network，ANN）简称神经网络（Neural Network，NN），是一种能够对信息进行分布式并行处理的机器学习技术，其最突出的能力体现在自学习、大规模信息存储和并行处理方面，具有良好的自适应性、自组织性和容错性，可以弥补常规计算方法在信息处理方面的不足。

自 20 世纪 80 年代兴起至今，神经网络已成为人工智能的一个重要发展方向，广泛应用于信息处理、工程建设、自动化、医学、生物、经济等诸多领域，贯穿模式识别、信号处理、数据压缩、自动控制、预测估计、故障诊断等众多环节，表现出了良好的智能特性，其中代表性的神经网络模型有 BP 神经网络（Back Propagation Neural Network）、RBF 神经网络（Radial Basis Function Neural Network，径向基神经网络）、Hopfield 神经网络、自组织特征映射神经网络(Self-Organizing Feature Map Neural Network，SOM/SOFM)等。

1. 神经网络的层次结构

输入层、隐藏层和输出层构成了一个完整的神经网络，如图 5-11 所示，圆圈和连线分别代表神经元和神经元连接。信息在三个层次之间逐层传递，实现对信息的输入、处理和输出。输入层、输出层的节点数量通常是不会变化的，隐藏层则可以根据实际的信息处理需求，对节点数量进行调整。

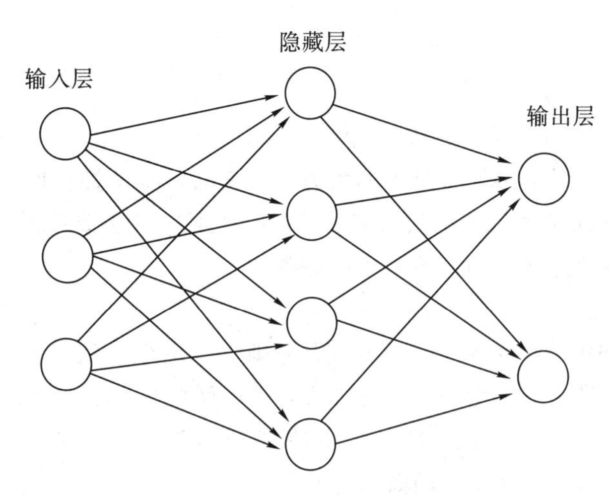

图 5-11　神经网络的层次结构

2. 神经网络的基本组成

1）感知机

1957 年，美国学者 Frank Rosenblatt 基于生物神经元结构和工作原理，提出了感知机的概念，后来感知机成为了神经网络的基本单元。感知机模型图如图 5-12 所示。

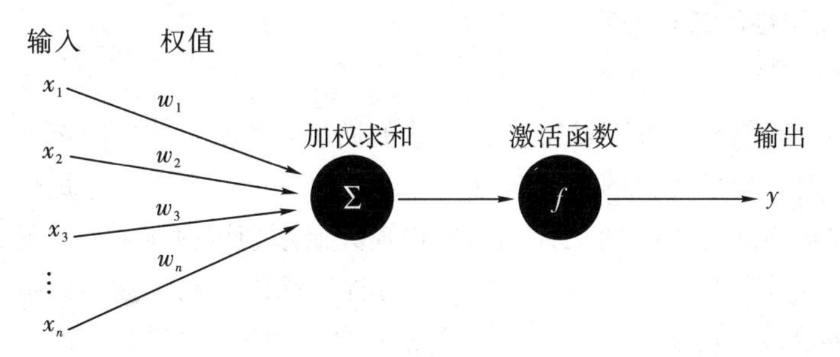

图 5-12　感知机模型图

神经元接收各种外界的刺激映射为感知机中的各个输入，每种刺激的重要性也不尽相同，在感知机中使用加权的形式来表示各个刺激的重要程度，当各种刺激加权和达到一定的阈值时感知机被激活输出一定的输出值。数学表达式为

$$y = f\left(\sum_{i=1}^{n} w_i x_i - \theta\right) \tag{5.1}$$

其中 w_i 表示权重，不同连接所对应的权重不同，即权重的值(权值)不同，权值的大小代表连接的强弱，反映出每个输入在感知机中的重要程度，最终训练神经网络的目的就是确定

最优的 w_i 使得神经网络获得最好的分类回归性能；x 表示输入到神经网络的向量；θ 表示偏置，也叫作阈值，只有当整个输入值的加权和到达一定的阈值之后该感知机才会被激活；外部的 $f(x)$ 表示添加的激活函数，用于增加非线性运算，使得神经网络不再单单只能进行线性运算，添加了激活函数的神经网络表达能力将更为丰富。可以用以下的数学式表示整个神经元的导通和闭合状态：

$$y=\begin{cases}0 & (\sum_{i=1}^{n} w_i x_i \leqslant \theta) \\ 1 & (\sum_{i=1}^{n} w_i x_i > \theta)\end{cases} \tag{5.2}$$

感知机最初被提出的时候只能表示有限的逻辑运算，如与门、与非门、或门等，而对于更为复杂的异或门运算，感知机就无能为力了，这也导致了神经网络理论陷入低潮，直到后来提出将多个感知机进行连接从而实现异或门才解决了这个问题，在此基础上一代代学者不断研究，使得神经网络理论不断成熟完善。

2）激活函数

如果神经网络均由一个个感知机互相连接，则整个网络只是一个线性的数学模型，表达能力非常弱，只有当加入其他的非线性部分，整个网络才能获得更好的表达能力，从而完成分类或是回归功能。这种添加的非线性部分叫作激活函数，常见的激活函数有 Sigmoid 函数、Tanh 函数、ReLU 函数等。

3）损失函数

为了判断神经网络拟合数据的优良程度，需要确定一个指标，通过这个指标就可以得到网络的预测值和标签中真实值的误差，将网络的预测值和标签中的真实值的误差输入给损失函数，经过函数的计算便可以得到网络的损失 loss 值，用 loss 值可衡量该网络拟合数据的效果。目前常用的损失函数有均方误差函数、交叉熵误差函数等。

2. 训练神经网络的工作原理

1）梯度下降

梯度就是对全部变量求偏导之后汇聚而成的向量，梯度大的方向上损失值也会变化得更快。神经网络训练的最终目的就是获得一组最优的权重参数以获得最优的分类或者回归性能，也可以理解为通过不断的迭代训练使得损失函数值降到最小值，而损失函数值反映的是神经网络与真实标签有多么得不相符，此时神经网络达到了最佳的拟合效果。

将损失函数沿着梯度不断下降的方向不断更新，调整网络的权重，不断重复此过程，直到损失函数值收敛于最小值的过程称为梯度下降。为了使损失函数值减小得更为快速以获取优异的检测速度，此时采用梯度下降算法便可以完成。

2）误差反向传播

最早的时候，如果要计算神经网络的梯度值，那么所采用的方法是直接进行数值微分的计算，然而这种方法计算量非常大，在早期计算机性能并不是很优秀的时候甚至无法进行下去，神经网络理论也因为这个原因陷入了低潮，直到 1986 年，Hinton 提出了著名的误差反向传播算法：使用链式求导法则从输出端向输入端计算各个层的梯度并逐层向前传播。

神经网络的训练过程由两部分构成：正向传播和反向传播。正向传播将输入经过隐藏层处理后传到最后的输出层并计算实际值与标签值的误差，如果高于阈值则说明网络的拟合性能不达标，为了提升两者的拟合程度，就需要调整权重参数来降低损失函数。反向传播则根据损失函数值反向地更新神经网络中的权重值，通过将误差从输出层向输入层逐层反向传播，在该过程中不断计算每层的梯度并沿着梯度下降最快的方向更新每层的参数，不断循环直到传到输入层。

3. 神经网络在畜禽业领域的应用

神经网络在畜禽业发展过程中也多有应用，如运用神经网络算法，以温湿度、二氧化碳、氨气等参数作为输入，得出相应的输出结果作为评价标准判断畜禽生长环境是否符合需求，为畜禽生长环境调控提供理论参考；在畜禽疫病诊断方面，神经网络技术的应用能够提高疫病诊断系统的自学习能力，使整个诊断系统拥有更高的自动化性能，进而提高疫病诊断的准确率；畜禽产品生产和销售环节也可以利用神经网络预测畜禽产品的市场需求量，根据市场需求调整生产量，避免因供需不平衡造成资源浪费，影响养殖户收入。

5.5.3　图像处理技术

图像处理技术是应用计算机处理图像信息的技术。目前，图像处理技术已相对成熟，具有处理精准度高、再现性好(不损害图片质量)、应用广泛等特点，已广泛应用于航天航空、工业自动化、农业生产、交通检测、生物医学、文化艺术等领域。

为了识别某一场景中的人或物体，需要利用图像处理技术对图片进行加工处理，包括以下环节：

(1) 图像预处理。图像预处理的作用在于去除原始图像中的噪点，使图像更加清晰，突出目标信息，方便进行后续处理。图像预处理过程主要涉及噪声降低、对比度提高、图像锐化、几何变换等操作，其中常用的图像去噪方法有小波去噪、均值滤波器去噪、自适应维纳滤波器去噪等。

(2) 图像分割。图像分割指根据性质差异对图像进行区分，得到实际需要的有意义部分。图像分割的核心在于图像的二值化，即以一定阈值为界限对不同灰度的像素进行划分，用黑色和白色表示，从而分离出目标物。

(3) 特征提取。从图像分割分离出的目标物中提取大小、形状、颜色等特征，得到能够细致描述目标物的特征集合，以便对不同目标物进行准确区分。

(4) 特征分类与目标识别。计算机通过对目标特征集进行选择和降维，得到数量合理且最具区分度的特征或特征集合，再通过学习特征数据得到分类模型，利用该模型实现对目标的识别。

在畜禽业领域，图像处理技术常用于畜禽识别定位，监测畜禽的行为和生理状况，灵敏度高，且非接触式的识别监测还能有效避免给畜禽造成应激反应伤害。将图像处理技术和传感器监测技术相结合，获取更为准确的监测数据，以此完善动物行为分析模型，可以提高动物行为分析的准确率。图像处理技术还能把遥感获取的图像信息数字化，并存储到计算机中，为畜禽环境监测、灾害预警等提供便利。

5.6 地理信息系统

地理信息系统(Geographic Information System, GIS)主要用来存储和处理地理数据,通过采集、编辑、分析、成图等操作表达空间数据的内涵。GIS常作为为智能化集成系统提供地学知识的基础平台,应用于气象预测、灾害监测、环境保护、资源管理、城乡规划、人口统计等众多领域,对于空间数据标准化维护、数据更新、数据分析与表达、数据共享和交换、提高决策及生产效率具有重要意义。

1. GIS的构成

GIS由硬件系统、软件系统、空间数据、应用模型、应用人员五部分构成,如表5-1所示。其中软、硬件系统是GIS运行的基础场景,空间数据是GIS的作用对象,应用模型是辅助解决现实问题的工具,应用人员控制系统运行。

表5-1 GIS的构成

构成部分	说明
硬件系统	硬件系统是GIS物理设备的集合,为GIS实现数据传输、存储及处理创造条件。其中计算机负责对空间数据进行处理、分析和加工。因为GIS涉及海量复杂数据的处理,所以对计算机的运算能力和内存容量有较高的要求。数据输入设备的选择视空间数据类型而定,GIS数据输入所需的设备通常包括通信端口、数字化仪(Digitizer)等。数据输出设备是对外展示数据处理结果的工具,包括绘图仪、打印机、显示器等。数据存储设备用于存储数据,主要有硬盘、光盘、移动存储器等,存储容量是其硬性指标。路由器、交换机等网络设备用来共同构建系统通信线路
软件系统	软件系统维护GIS正常运行,其中GIS对地理信息的输入和处理都通过计算机系统软件(如操作系统、编译程序、编程语言等)实现。数据输入、管理、分析、输出等则由GIS软件(如Oracle、SQL、Sybase等数据库软件、图像处理软件等)完成
空间数据	空间数据内包含了地理实体的特征,来自不同研究对象和研究范围的不同空间数据,都存储在数据库系统中进行统一分析和管理
应用模型	应用模型是GIS解决实际问题的关键,构建GIS模型(如资源利用合理性模型、人口增长模型、暴雨预测模型等)可以为落实具体应用、解决各类现实问题提供有效工具
应用人员	GIS处于完善的组织环境内才能发挥功能,人的干预也是其中必不可少的部分。系统管理与维护、应用程序开发、数据更新、信息提取等都需要相应人员来完成,其中主要包括系统开发人员和最终用户

2. GIS在畜禽业中的应用

(1) 畜禽业资源查询。GIS可以应用于查询畜禽业资源地理分布信息,包括养殖场/牧场范围、养殖设备位置、饲料及药物供应企业分布情况、检疫站等畜禽业管理部门所在位置等,结合具体介绍和相应图片,很大程度上简化了畜禽业资源查询流程。

（2）畜禽疫病评估与管理。当动物疫病发生时，利用 GIS 可以标记动物疫病发生的地点，选定区域进行空间分析，得出疫病爆发密度、空间关联度、发展趋势、潜在高危种群、危害程度等信息，确定未出栏动物、出栏动物、动物食品等的分布情况，结合实际情况开展应急指挥和决策，控制疫情蔓延。

（3）畜禽产品信息追溯。开发基于 GIS 的追溯管理系统，上传畜禽产品的标识码，标记流通产品及运输车辆的地理位置，记录相应时间点，实时监控车辆行驶轨迹。

第6章 设施畜禽养殖物联网

6.1 智慧养殖管理平台

智慧养殖管理平台是畜禽物联网应用平台，可以对养殖环境、畜禽和设施设备等实行智能管理，形成畜禽养殖管理标准化模式，从而提高畜禽养殖效益。图6-1所示为智慧养殖管理平台的主要功能模块。

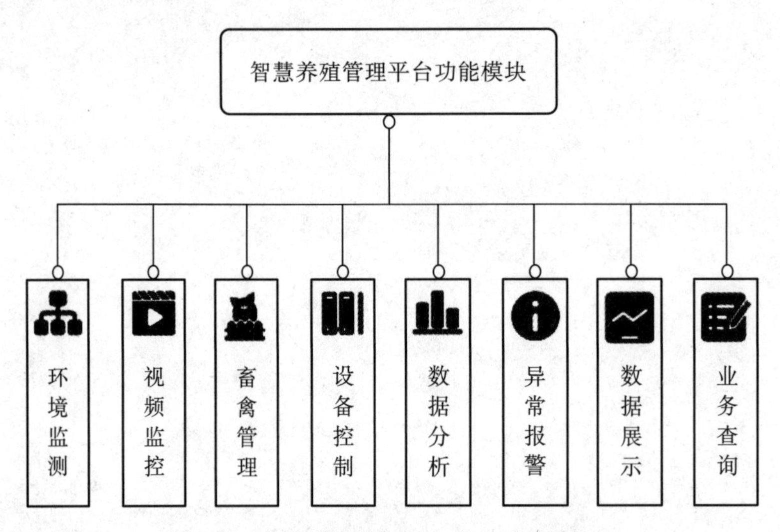

图6-1 智慧养殖管理平台的主要功能模块

智慧养殖管理平台由多个既相互独立又相互协调的系统组成，主要包括：

1. 智能传感系统

畜禽养殖有较高的环境要求，畜禽健康水平和畜禽产品品质都与养殖环境质量密切相关。养殖场内温湿度控制不合理、有害气体（如 CO_2、H_2S、NH_3）过量等都是畜禽疾病的重要诱因，合理调控畜禽养殖环境是防止畜禽疾病产生和传播的重要前提。智能传感系统的作用主要体现在两个方面：一是使用传感器监测养殖环境是否适宜，包括 CO_2、H_2S、NH_3 等气体含量超标与否，温湿度、噪声等指标是否合格等；二是通过视频监控技术监控畜禽活动状况，以射频识别技术识别畜禽个体，以便在问题出现时及时找出异常畜禽。

2. 智能传输系统

如图6-2所示，智能传输系统主要运用4G/5G、NB-IoT、ZigBee、LoRa、RFID、Wi-Fi、蓝牙等技术，连接无线采集节点、无线控制节点、无线监控中心、无线网络管理软件等，实现畜禽养殖信息自动传输功能。

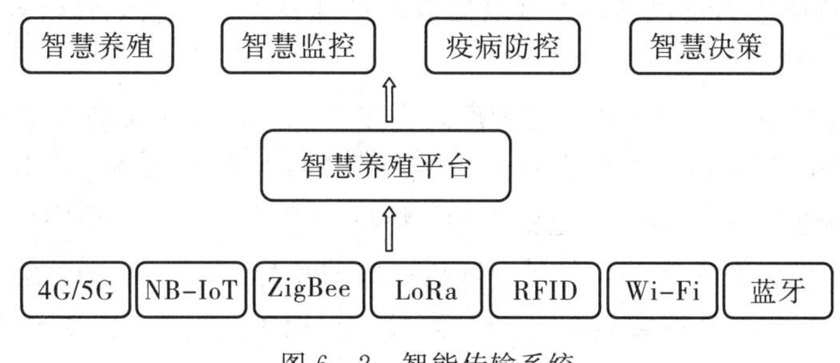

图6-2 智能传输系统

3. 智能控制系统

智能控制系统通过控制器与养殖设备相连，根据用户预先设定的养殖环境指标、饲喂时间、饲喂用量等相关阈值，结合实时获取的环境、畜禽、设备等信息，对养殖环境调节设备(如加热器、风机、湿帘)、饲喂设备等进行远程自动控制，确保畜禽处在适宜的生长环境中得到精细饲养。

4. 智能监控管理系统

智能监控管理系统可以采用B/S(浏览器/服务器模式)或C/S(客户机/服务器模式)架构，用户通过互联网就能随时随地访问该系统。智能监控管理系统的功能主要包括：

(1) 数据展示。养殖场部署的环境监测传感器与无线通信模块相连，其采集的温湿度、CO_2浓度、NH_3浓度等数据实时传输至智能监控管理系统，并以图形、列表等形式展示出来。RFID标签中写入的畜禽品种、出生时间、出生地点、是否防疫、饲料使用、饲喂次数等信息以及智能摄像头提供的实时监控画面等都可以上传至该系统，供用户查看。用户可以根据实际情况在系统上设定数据采集的时间和频率。

(2) 自动报警。在数据实时采集过程中，当发现畜禽养殖环境、畜禽或养殖设备等出现异常时，系统会自动报警。报警信息可以在系统界面显示，也可以以短信的形式发送给管理人员，从而提高异常处理效率，减少损失。

综合来看，建设智慧畜禽养殖管理平台、开展智慧畜禽养殖管理的意义主要体现在以下方面：

(1) 降低养殖成本。将物联网应用于养殖过程，在畜禽养殖现场安装智能监测设备，监测环境信息及畜禽生长状态，在终端进行远程监控及相关设备控制，养殖生产资料可以根据实际需求得以合理分配，提高资源利用率，进而降低生产成本。

(2) 提高生产效率。运用智能感知设备进行数据采集，通过无线通信技术进行数据传输，数据分析、处理由大数据和云计算技术完成，以上这些都减少了对人工操作的依赖，降低了误差产生的可能性，使管理、决策过程更加科学，从而提高生产效率。

(3) 增加产量。通过物联网开展规模化、专业化、标准化、模式化畜禽养殖，实时监测和调控畜禽养殖环境，利用自动喂料设备进行智能精细投喂，使畜禽保持良好的生长状态；在畜禽繁育时期，以基因优化原则为基础，结合传感器技术、射频识别技术、预测优化模型技术实现科学配种，保障繁殖率，最终增加总体出产量。

(4) 形成精准化养殖体系。以技术替代人为操控，对各个养殖指标进行多维度对比分析，建立畜禽养殖档案数据库，在海量数据和精准计算的支撑下，决策过程变得更加科学，不仅可以降低养殖场的运营风险，还可以提取出更加高效的养殖运营模式，形成易于推广和复制的精准化养殖体系。

(5) 提高市场竞争力。养殖企业能否提高竞争力，关键在于是否能够将科学技术应用于产业化布局过程。利用物联网提高养殖水平，可以降低生产成本，提升产品质量，而成本和品质恰好是衡量市场竞争力的重要指标。将科学养殖模式与产品质量安全追溯管理体系相结合，出产高品质畜禽产品，有利于打造良好的品牌形象，赢得市场认可。

(6) 建立行业标准。掌握智慧养殖的关键技术，积累生产数据，探索畜禽生长的最佳环境标准，有利于修正现有养殖经验，为后期开展养殖工作提供指导，逐渐形成行业标准，加快畜禽业现代化进程。

6.2 畜禽养殖 APP

畜禽养殖 APP 是畜禽物联网领域的常见手机应用软件，使用畜禽养殖 APP，养殖人员可以将畜禽养殖活动转移到智能终端上进行，以远程管理取代实地管理，还能够查看养殖业务、获取预警信息、控制养殖管理设备，集中开展智能化、精细化的养殖管理工作，降低养殖管理成本。

要实现畜禽养殖管理功能，APP 客户端需要连接畜禽养殖管理系统服务器和数据库，系统服务器收到来自 APP 的交互请求后，调动数据库处理数据，并将数据处理结果回传至 APP 界面进行显示。

借助畜禽养殖 APP，通过移动客户端的简单操作，即可查询并进行畜禽养殖业务管理。畜禽养殖 APP 首页展示功能模块，包括“畜禽管理”“摄像监控”“环境监测”和“智能控制”；进入“数据”页面可以选择查看畜禽管理数据和环境监测数据，数据可以通过趋势图形式显示；在“消息”页面可以查看环境及系统设备异常警报信息；管理人员可以管理个人账号及查看执行历史。畜禽养殖 APP 首页如图 6-3 所示。

图 6-3 畜禽养殖 APP 首页

畜禽养殖APP中的“畜禽管理”界面如图6-4所示，畜禽管理模块的功能包括“畜禽管理”“消毒登记”“配种登记”“发病登记”“免疫登记”和“生长测定”，点击相应模块可以进入具体的操作界面。畜禽养殖APP内设有智能算法，通过输入畜禽编号即可快速检索该畜禽的信息，页面上方实时显示“今日畜禽总数”和“今日屠宰总数”。

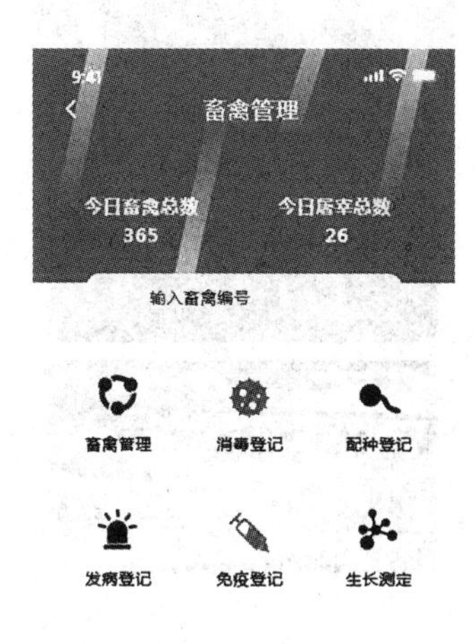

图6-4　“畜禽管理”界面

“环境监测”界面显示所监测养殖区域的“温度”“湿度”“二氧化碳”“氨气”四项参数的数据，如图6-5所示，通过“选择设备”可以筛选需要显示的参数，点击相应参数可以查看该参数的数据变化趋势图。

图6-5　“环境监测”界面

监控摄像设备可实时获取畜禽养殖场监控画面，并在APP界面进行显示，如图6-6

所示，通过“选择畜舍”可以筛选需要显示的畜舍监控画面，点击相应监控画面进入下一级页面可以选择具体的监控设备，查看该设备采集的监控信息。

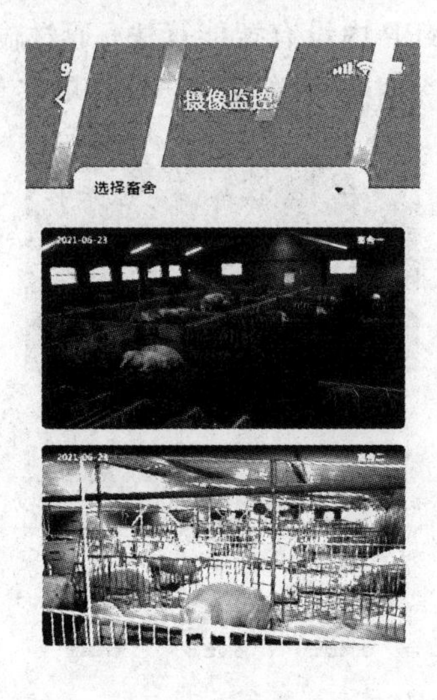

图 6-6 “摄像监控”界面

通过“智能控制”模块可以控制畜禽养殖环境调节设备和饲喂设备，也可以设定相关阈值，如图 6-7 所示。

图 6-7 “智能控制”界面

6.3 物联网畜禽养殖环境监测与调节

畜禽的生长状态和畜禽产品品质受畜禽品种、养殖环境、饲料、疫病等的影响，其中环境因素的影响最为明显，其中主要包括空气温湿度、气体浓度、光照强度、通风率、噪声等参数。传统畜禽养殖管理的人工参与程度高，大多数生产数据的采集和记录都由养殖人员完成，没有系统的数据存储与管理设备，养殖环境调节也多依赖于人力。由于智能化、标准化水平低，对养殖经营、产品质量等的全面管控不足，传统畜禽养殖业的规模化进程缓慢。

物联网是推进畜禽养殖管理信息化的关键技术，综合应用物联网技术监测畜禽养殖环境和畜禽生长状态，开发云服务平台远程调节养殖环境，将会使养殖效益得到显著提升。

1. 环境及生长状态监测

在畜禽生长过程中，适宜的环境尤为重要，畜舍通风状况、光照强度、温湿度条件、噪声水平等都会影响畜禽的生长状态，如畜舍通风不良，CO_2、H_2S、NH_3 等气体浓度过高会诱发畜禽疾病；温度、湿度过高或过低都会增加畜禽的患病概率；过量噪声刺激也会对畜禽的代谢产生不良影响。所以，提高畜舍环境监测水平有其必要性，这是科学进行环境调节的前提，也是保障畜禽健康的关键。

通过在畜舍内安装各类环境监测传感器，监测温度、湿度、气体浓度(如 CO_2、H_2S、NH_3)、光照等指标，所采集的数据通过无线网络自动传输至云服务平台，经分析处理后在后端管理平台进行可视化展示；通过平台或 APP 查询，养殖人员即可掌握畜舍环境实时数据，便于进行管理。另外，在畜舍内安装视频监控设备，监控畜舍内设备的运行状态，当故障发生时可以及时通知管理人员，这些视频监控设备同时监控畜禽的状态，所得视频资料可以作为判断环境状况和畜禽生长情况以及诊断疾病的依据。所有数据均可存储在云服务平台，结合数据和养殖经验总结养殖方法，并进行科学验证，有利于提高养殖水平；这些数据也可以作为溯源数据应用于溯源环节，推动畜禽溯源体系建设。

2. 畜舍环境调节

畜舍环境调节设备自动控制结构图如图 6－8 所示，环境调节设备(如加热器、湿帘、风机、开窗机等)通过云服务平台的智能控制系统与畜舍环境监控系统相连，实现设备联动控制。结合养殖标准和实际养殖情况，养殖人员可以设定环境参数阈值，当环境参数数值超出阈值范围时系统自动报警，同时启动相应的环境调节设备，合理调节畜舍环境；当环境恢复理想状态时，系统控制设备停止运行。养殖人员可以从 PC 端或手机 APP 了解环境信息和设备运行的状态，接收报警信息，也可以对系统连接的环境调节设备进行远程控制。

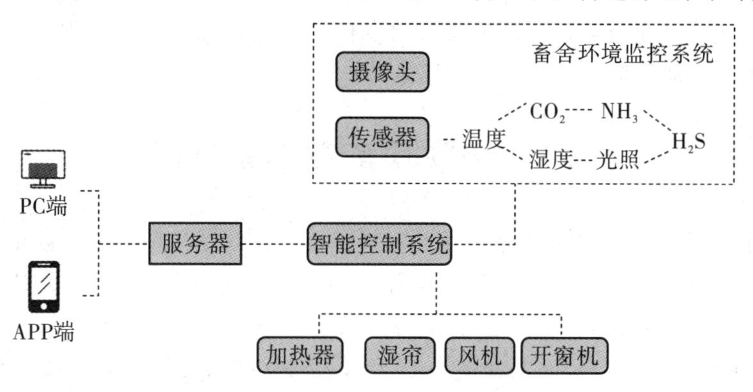

图 6－8　畜舍环境调节设备自动控制结构图

6.4 物联网畜禽发情监测

畜禽发情监测是畜禽养殖中的重要环节，对畜禽繁育性能、企业经济效益有直接影响。监测、确定畜禽的发情行为，及时配种，能够有效发挥畜禽的繁殖能力，提高生产经营效益。与人工观察相比，物联网在畜禽发情监测的效率、准确性方面具有明显优势。

以下以母猪发情监测为例，说明物联网在畜禽发情监测方面的具体应用。物联网母猪发情监测系统主要由智能耳标、传感器模块、智能网关、通信模块、智能控制设备组成。主要监测指标包括母猪的体温、运动量及其与公猪的接触频率。

(1) 体温监测。猪只的体温是反映其生理状况的关键指标之一。为方便辨别，首先利用 RFID 电子耳标对母猪进行个体标识，每头母猪都有唯一的身份标签。通过接触式体温检测传感器或红外热像仪检测母猪体温，测量时需要控制环境、测量部位给测量准确性带来的影响。将所得体温信息经无线网络实时传输到服务器，服务器存储每头母猪的体温数据，当体温数据超过系统设置的阈值时，系统自动发出警报。养殖人员可以借助手机、电脑随时得知母猪的体温及其变化情况，结合该母猪的其他生理信息进行分析，判断其是否处于发情状态。

(2) 运动量监测。通常情况下，母猪发情期间的采食量会有所下降，而爬栏、跳圈等行为表现更为活跃。利用加速度传感器或红外探测器实时测定母猪行走、站立、爬栏、采食等行为变化，将所采集的母猪运动量数据发送到服务器。当某头母猪的运动量数据达到预先设定的发情状态数据标准时，服务器做出发情判断，并及时提醒养殖人员查看。

(3) 接触频率监测。母猪处于发情期时，接触公猪的频率及时长会有所增加。首先将公猪与母猪分离饲养，在两个养殖区域之间设置接触窗，并在其周围布置监测装置。每头母猪佩戴 RFID 电子耳标，当母猪靠近接触窗时，RFID 读写器读取耳标信息，压力传感器和计时器共同作用记录母猪靠近接触窗的时间和频率，母猪身份及其停留信息经由通信模块传送至服务器。当母猪的停留时间和频率超出设定的阈值时，服务器控制设备自动对该母猪进行标记，同时将所获取的信息发送给养殖人员，提醒养殖人员对该母猪进行进一步的发情鉴定。

物联网系统也可以综合监测母猪的体温、运动量、对公猪的敏感程度等指标，对母猪是否处于发情期进行判定，以远程报警方式提醒养殖人员开始母猪配种流程。管理终端统一管理监测数据，以此为素材可以形成母猪发情期生理指标变化趋势图，建立母猪生理参数数据库，作为辨别母猪发情的参考数据来源。

6.5 物联网畜禽称重分栏

智能称重分栏系统以物联网感知技术为基础，结合数据传输技术、数据处理技术、机械控制技术等，完成对畜禽的自动化称重和分栏。运用的设备主要包括 RFID 电子耳标、RFID 读写器、称重传感器、红外光电传感器(Infra - red Photo Electric Sensor)、可编程逻辑控制器(Programmable Logic Controller，PLC)、称重栏、管理终端。其中 RFID 读写器、称重传感器、红外光电传感器安装在称重栏内；管理终端具备信息输入、数据存储及显示、远程控制、报警等功能。

该系统多应用于猪、牛、羊等畜禽养殖管理领域，满足规模化养殖场的精细化养殖管理需求。以肉牛称重分栏为例，在称重开始前，先给每头肉牛佩戴 RFID 电子耳标，利用 RFID 读写器将肉牛的身份信息写入耳标中，养殖人员在管理终端将分栏的体重标准输入系统。

当肉牛进入称重栏时，红外光电传感器采集肉牛的位置信息，当感应到肉牛完全进入称重栏时，该信息实时传输到管理终端，管理终端向控制器发布指令，关闭栏门。称重传感器开始采集肉牛的体重信息，这一过程受系统测量误差、机械结构振动、肉牛踩动等因素影响，所得体重数据与真实数值之间通常有所偏差，在数据传输至管理终端之前，还需要用数据处理算法减小数据误差。RFID 读写器在肉牛称重时读取肉牛耳标中的信息，通过无线网络传输到管理终端进行存储。以养殖人员在管理终端输入的分栏体重标准为依据，管理终端结合肉牛的实际体重，确定肉牛应分入的养殖区域，向控制器发布指令控制相应栏门的开启与关闭，实现智能分栏。肉牛自动称重分栏流程如图 6－9 所示。

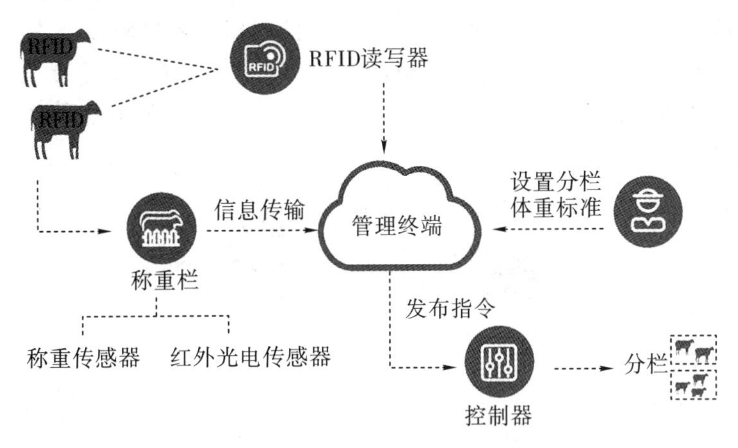

图 6－9　肉牛自动称重分栏流程

数据传输到管理终端后，系统自动进行体重数据分析和评估，便于养殖人员把控各阶段肉牛的饲养指标，开展精细化饲喂管理。养殖人员由管理终端向控制器发布指令，进而控制整个系统，当系统故障发生时，也能对系统进行校正。

6.6　物联网畜禽精准饲喂

随着优质畜禽产品市场需求量不断增加，畜禽饲养模式逐渐向精细化方向转变，依据畜禽成长阶段和身体状况的不同，通过数据采集传输计算技术、精准饲喂控制技术，开展科学精准饲养，对于满足畜禽营养需求、提高养殖效益具有明显作用。

1. 精准饲料配方设计

畜禽的营养主要摄取自饲料，不同生长阶段的畜禽有不同的营养需求，仅凭人的经验确定饲料配方，所需的营养元素难以均衡，容易造成畜禽营养不良或过剩的情况，饲料使用效率低下。

为提高饲料配制的精确度，可以在饲料配方设计的过程中对大数据和云计算技术加以利用。具体方法是：采集畜禽品种、生长周期、日常采食量、体重等信息，制作与品种、生长周期相对应的采食量变化趋势图和体重变化趋势图，通过云计算分析得出每畜禽正常生长所需的营养成分。在初拟配方试验所得大量数据的基础上，运用大数据技术进行数据分析处理，从中总结出营养成分与饲料种类及用量的精确对应关系，再开展饲料配制工作。在配制过程中借助红外饲料分析仪检测所配饲料中的营养成分含量，最终实现精准的饲料供给。同时也可以建立饲料调配的数学模型，供日后设计饲料配方使用。养殖人员即使不具备系统的营养学和统计学知识，也可以快速精确地配制饲料，科学饲养畜禽。

2. 精准饲喂系统

精准饲喂系统由供电系统、可编程逻辑控制器、信息采集模块、通信模块、饲喂设备组成，并连接数据处理平台。控制器用于控制信息采集设备及饲喂设备的启停；信息采集模块配置 RFID 读写器、称重传感器、计时器；无线网络用于信息传输。

给畜禽佩戴载入了编号、品种、体重、生长周期、饲喂需求等信息的 RFID 电子耳标，当畜禽进入饲喂区域时，被单独隔离，RFID 读写器读取畜禽的耳标信息传入数据处理平台，平台计算出所需饲喂量，将其发送给控制器，控制器控制饲喂设备进行饲料供给，整个流程如图 6－10 所示。在采食环节，系统自动记录畜禽采食时长、采食量、畜禽采食前后的体重数据，一并传输到数据处理平台，生成饲喂曲线，据此养殖人员可以实时掌握数据的动态变化趋势。

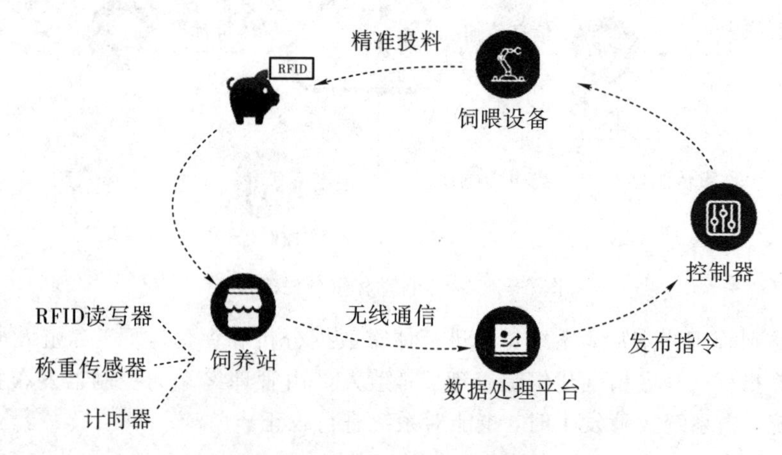

图 6－10 畜禽精准饲喂流程

与饲料、畜禽等相关的信息通过无线通信技术实时传输至数据处理平台进行存储，养殖人员登录平台可以远程监控畜禽的生长状况、采食情况以及饲养设备运行情况，查询、下载采食数据，设置系统参数，远程控制现场设备的运行。

第7章　物联网与精准放牧

畜禽业是养殖业的重要组成部分，畜禽养殖模式分为圈养和放养两种。与圈养的畜禽相比，放养的畜禽在肉类品质、价格方面占有优势，更能够满足消费者对肉品口感和营养的需求，也更有利于提升养殖户的收入。

我国传统的畜禽放养模式带有明显的“靠天养畜”特征，对草场等自然资源的依赖程度高，再加上未严格落实休牧和划区轮牧措施，超载放牧现象严重，致使草场损害严重，土地沙化问题突出，尤其是在冬季，草料短缺，寒潮灾害多发，引发畜禽掉膘、繁殖难甚至死亡等问题，牧民收入不增反减。

在放牧过程中，为了清点畜禽数量或巡查草场围栏、棚圈等基础设施，牧民常常需要在牧群和居住地之间往返；畜禽的活动轨迹、牧食行为等信息通过人工观测获取，极易惊扰畜群。此外，我国的天然牧场地形以高山、丘陵为主，地广人稀，交通、网络等基础设施条件较差，牧民深入牧区遇到紧急情况时还可能难以与外界取得联系。畜禽管理部门也难以对放牧行为、放牧区域、牧场资源等进行管理。

运用物联网改良传统放牧模式，是解决上述问题的有效方式。借助物联网，可以实时获取与牧群和牧场等相关的精确数据，提高管理效率，解放劳动力；对气候等要素进行全天候监测，及时预报气象灾害，提醒牧民妥当安置畜禽以减少损失，也便于保护草场生态环境，推动畜禽业持续健康发展。

7.1　物联网精准放牧具体应用

精准放牧(Precision Grazing)是精准畜禽业(Precision Livestock and Poultry Farming，PLPF)的发展要求之一，注重以信息技术手段监管所放养的畜禽，管理放牧环境，提高放牧效率和质量。物联网作为新一代信息技术的重要组成部分，在精准放牧方面的具体应用包括：

(1) 牧群定位追踪。给畜禽佩戴北斗/GPS定位项圈，实时获取牧群的地理位置、移动时间和速度等信息，并将信息实时通过无线方式传输至监控平台，由此实现对牧群运动轨迹的实时动态监测，还可以查询历史数据。

(2) 畜禽行为监测。畜禽进食时会发出声音且其鄂部会产生规律性运动，利用声音传感器、压力传感器、加速度传感器等设备可以自动监测畜禽的咀嚼、吞咽、反刍等行为。根据畜禽种类的不同，基于畜禽的咬食频率、声音信号强弱、持续时间等特征，综合考虑牧草种类、高度、含水量等因素，可以建立畜禽采食量预测模型，进行采食量监测，进而研究畜禽对牧草的偏好、采食活跃时间等。利用传感器也可以智能感知畜禽的站卧、行走、心率、体温等信息，掌握其生病、发情等生理状况，有效避免人工观测效率低且易惊扰牲畜等弊端。

(3) 放牧强度评估。为防止过度放牧危害生态环境，需要及时、准确获知草地利用情况，开展禁牧、轮牧规划。放牧强度由牧草供应量和牧群进食需求共同决定，应用北斗/GPS、传感器等技术监控牧群移动轨迹，监测采食量，借助无人机遥感采集牧草的数量、生长情况、时空分布特征等信息，通过空间分析算法计算出牧群的采食强度，评估草地利用情况，进而评估放牧强度。

(4) 放牧规划。畜禽管理部门的牧场管理活动需要大量数据信息作为支撑。综合利用北斗/GPS、传感器、无线传感网络、移动通信网络、移动终端等建立智能放牧系统，可以实现牧群实时位置显示、轨迹查询、虚拟围栏、越界报警、设备远程控制等功能。管理人员根据实际需求制订牧群信息采集计划，结合牧场情况来指导放牧活动，从而提高牧场利用率和放牧效益。

7.2 物联网精准放牧系统

物联网精准放牧系统的核心是将传感器监测技术、北斗/GPS 卫星导航定位技术、无线远程视频监控技术、数据传输技术、数据挖掘处理技术等应用于放牧生产过程。整个系统可以分为感知终端、通信网络、服务器、用户终端四个部分，通过前端感知设备获取牧群位置、牧区环境变化等信息并传输至数据处理中心，管理人员登录系统即可实时掌握牧群及环境信息，处理异常情况，同时进行放牧决策控制。物联网精准放牧系统原理图如图 7-1 所示。

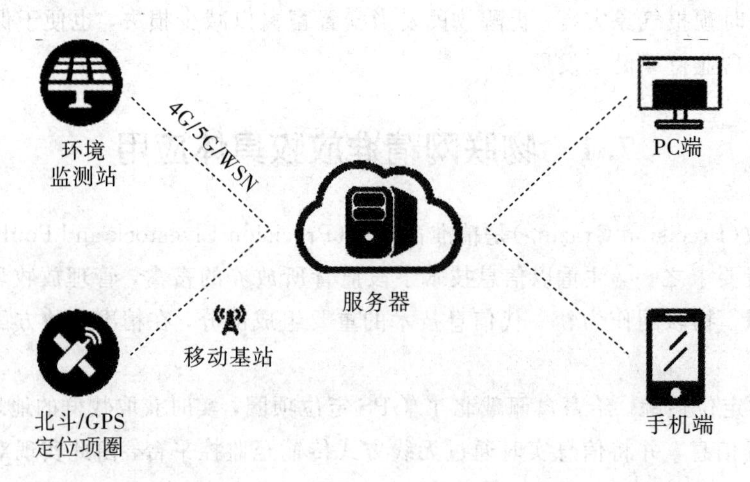

图 7-1 物联网精准放牧系统原理图

1. 系统架构

物联网精准放牧系统架构如图 7-2 所示。感知层主要采集牧场环境数据和牧群轨迹数据，在牧场设置环境监测站，监测放牧区域内的温度、湿度、风速、雨量、CO_2 浓度、PM2.5、噪声、总悬浮颗粒物(Total Suspended Particulate，TSP)等指标；安装无线监控摄像头，同时给畜禽佩戴北斗/GPS 定位追踪项圈，获取牧群的实时位置、移动速度、移动轨迹、行为状态等信息。传输层用于数据的异地传输，移动通信网络和无线传感网络共同将感知层的数据实时高效地传输至数据分析处理平台。应用层连接系统和用户，接收来自传输层的数据进行分析处理后存入数据库，作为用户终端的数据来源。

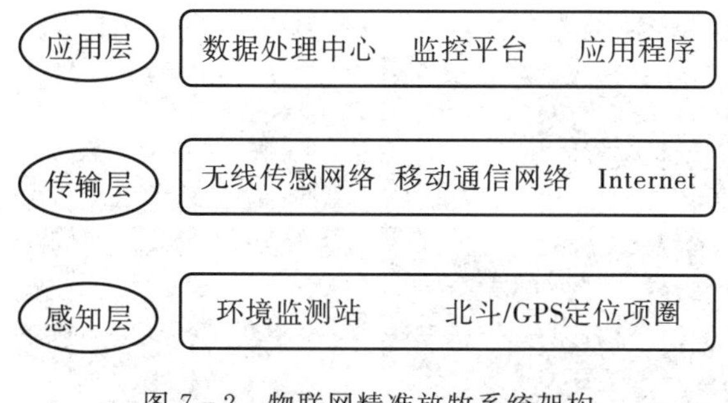

图 7－2　物联网精准放牧系统架构

2. 系统功能

1）环境监测与牧群追踪定位

环境监测站（如图 7－3 所示）用于对影响牧草生长和牧群生活的环境因素（如温度、湿度、光照强度、雨量、SO_2 浓度等）进行自动化监测，将所得数据通过无线传感网络和移动通信网络发送至环境监控中心，管理人员根据环境条件和牧草生长情况合理安排轮牧与禁牧。

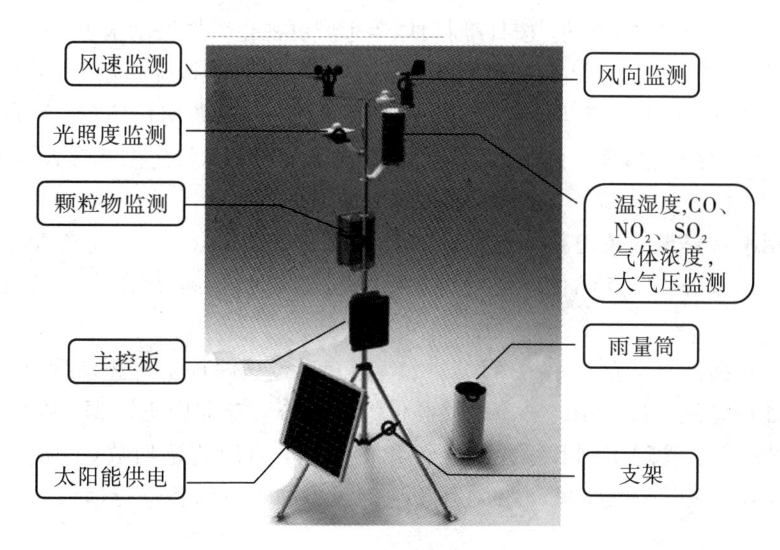

图 7－3　环境监测站

将有唯一编号的北斗/GPS 定位设备佩戴在畜禽身上，使得畜禽信息与定位设备信息相匹配。定位信息通过移动通信网络传输至监控平台进行可视化显示，以使管理人员可以获取牧群实时位置信息、运动轨迹以及设备运行信息；当畜禽走出划定放牧区域或者定位设备运行异常时，系统会自动发出警报，同时无线监控摄像头获取现场放牧画面，如图 7－4 所示。以自动监控代替人工近距离观测，既解放了劳动力，也提高了动物福利。

图 7-4 牧群监控画面

2）数据管理

数据库是物联网精准放牧系统的数据存储中心，用于存储、管理和备份与牧场、牧群、环境监测设备、定位设备、摄像监控设备、系统用户相关的全部信息，为用户终端提供基础数据服务。

大数据分析管理平台对获取的环境质量、畜禽活动状态、设备工作状态信息进行统计分析，对视频和照片进行归类整理，按日/周/月/年生成可视化数据展示报表，用户可以根据实际需求查看实时信息或历史信息。平台对业务、用户、权限等进行统一管理，管理人员可以在平台上修改、添加、删除环境及牲畜信息、使用设备信息、系统用户信息。结合地理信息系统，环境监测点、所定位牲畜、使用设备均可以在电子地图上以特定图标形式显示出来。

3）放牧管理

终端应用平台建设的关键技术包括 GIS 技术和 Web Services 技术，前者提供数据的可视化显示和管理服务，后者优化系统架构并促进数据实时更新，使用户可以通过终端平台进行放牧管理。

终端平台包括网页平台和手机 APP 平台，用户通过这两种渠道登录系统，即可实时查看环境信息和畜禽佩戴设备信息，追踪牧群位置及动态，查询历史数据，查看指令发布记录，也可以设定信息管理规则和系统警报发出的规则，启用轨迹回放(Track Replay)、电子围栏(Electronic Fence)等功能，并对环境监测设备和定位设备进行远程控制。

7.3 电子围栏

在放牧范围大、地形复杂多变的牧区，设立普通围栏需要配合人工巡查对畜禽进行管理，人力负担重，也难以保障畜禽安全。电子围栏是一种周界报警系统，分为脉冲式电子围栏、张力式电子围栏和红外对射式电子围栏等几种类型，具有使用寿命长、灵活性强的优势，可以用来防止畜禽走失，防范外来入侵，保护牧区财产安全。划定放牧区域后，结合牧区的面积、地形、地貌等特征安装电子围栏，当畜禽试图走出围栏范围时，系统会自动报警，提醒牧民采取措施。当有外部入侵时，电子围栏前端探测设备也能准确识别并发出报警信号，提醒管理人员及时进行处理。

电子围栏由前端探测设备、电子围栏主机和终端控制平台三部分组成。前端探测设备由杆、合金线和拉力传感器等组成，系统能否正常运行及其使用寿命的长短与前端探测设备的环境适应能力密切相关，要保障系统长时间正常运行，通常要求前端探测设备具备抗高压、防氧化、耐腐蚀等基本特征。电子围栏主机负责接收来自前端设备的信号，判断张力线是否处在合理的受力范围，如果超出预先设定的阈值，电子围栏主机就会发出报警信号，并将信号发送到终端控制平台。终端控制平台处理报警信号，并对电子围栏前端设备进行控制，实现布防、撤防等操作。

在牧区使用的电子围栏需要具备威慑、阻挡、报警等基本功能，起到较为明显的防范效果，并应具有优良的环境适应性能，能够适应雨雪、风沙等自然环境，确保性能稳定，且保证较低的维护成本。考虑到畜禽会触碰、攀爬围栏，所以应选择不会对畜禽造成伤害的电子围栏产品，保障畜禽安全的同时也能将异常报警信号发送至终端控制平台，让养殖人员及时了解情况并做出处理。

张力式电子围栏由于前端不带电常被用于配合放牧管理，其前端由探测控制杆、中间支撑杆、终端受力杆、张力线、张力弹簧、紧线器、万向底座等组成，如图7-5所示。当前端的张力线、控制杆、支撑杆或受力杆感知到压力值产生变化时，电子围栏会识别异常及其所在位置，自动发出报警信息。如果预先设定拉紧和松弛报警阈值，则会在超出阈值范围时自动报警。张力线还会根据外界温度、湿度等环境变化调整自身张力，进而调整警戒张力值，由此降低误报率。

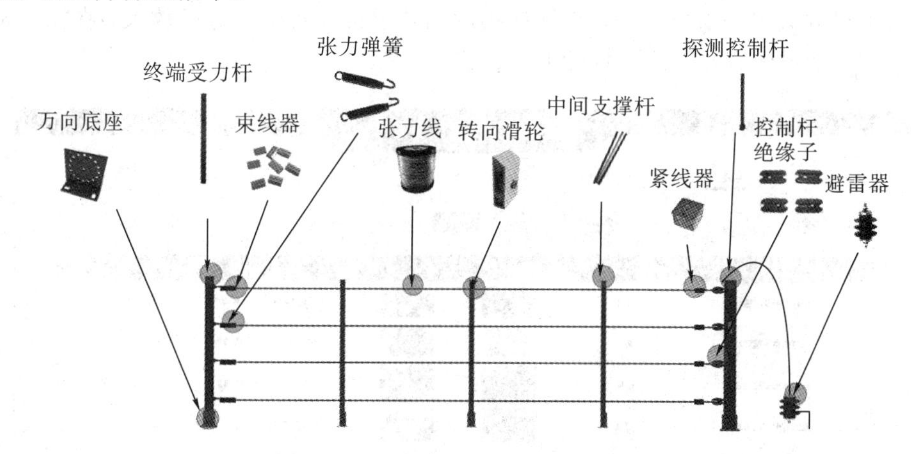

图7-5　张力式电子围栏前端组成图

将物联网与电子围栏系统相结合，可以使电子围栏系统朝着网络化、智能化方向发展，使电子围栏可以连接其他外部设备和系统。例如，将电子围栏与视频监控系统相连，当出现异常情况时，结合视频监控信息有利于及时排查异常情况，采取恰当处理措施，也将进一步提高报警的准确性。电子围栏系统管理平台则对电子围栏及其连接的视频监控等系统实行联动监测和管理，前端系统获取的所有信息都可以通过无线网络接入电子围栏系统管理平台，由此构成完善的管理体系，管理人员可以根据实际需求随时随地查看数据或发出指令，实行全方位的畜禽管理。

电子围栏系统管理平台功能界面如图 7－6 所示，在“电子围栏”界面中，可以查看电子围栏设备所在的具体位置、设备号、报警次数、最后报警时间、状态；管理人员登录系统即可实现对接入平台的电子围栏设备的统一管理，选择“设备”和“状态”也可以查询出所有符合筛选条件的设备。

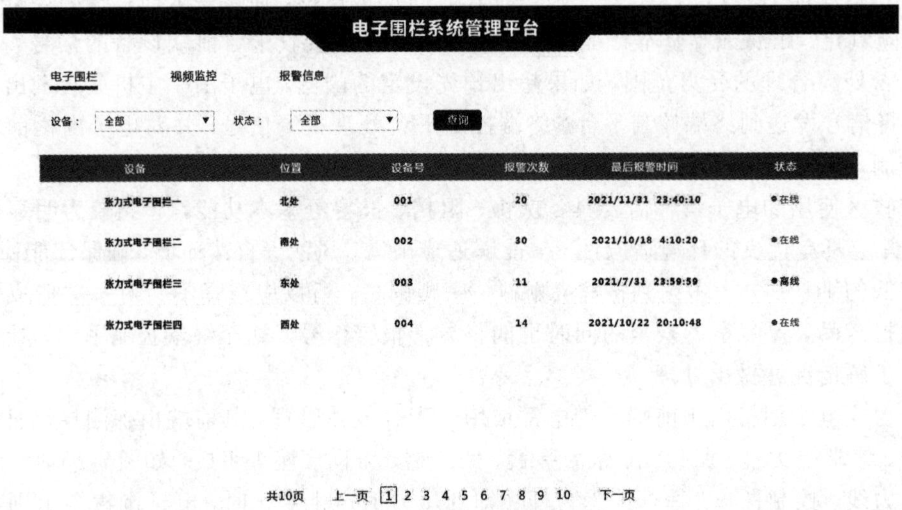

电子围栏系统管理平台

电子围栏　视频监控　报警信息

设备：全部　状态：全部　查询

设备	位置	设备号	报警次数	最后报警时间	状态
张力式电子围栏一	北处	001	20	2021/11/31 23:40:10	●在线
张力式电子围栏二	南处	002	30	2021/10/18 4:10:20	●在线
张力式电子围栏三	东处	003	11	2021/7/31 23:59:59	●离线
张力式电子围栏四	西处	004	14	2021/10/22 20:10:48	●在线

共10页　上一页 1 2 3 4 5 6 7 8 9 10 下一页

图 7－6　“电子围栏”界面

“视频监控”界面如图 7－7 所示，通过红外摄像机可监控电子围栏及其周边情况，点击监控视频可以放大视频播放界面，点击抓拍的图片也可以对图片进行放大，在操作栏可以下载视频和图片或者删除对应的视频监控信息。

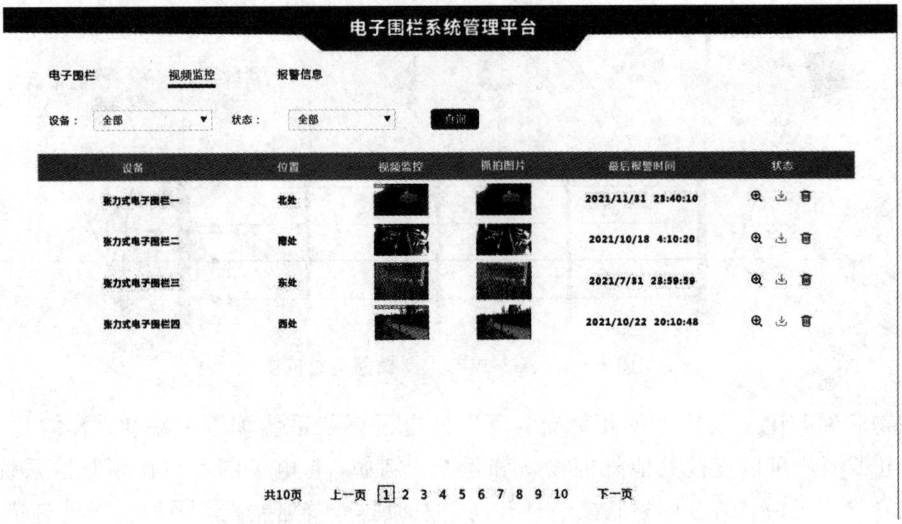

电子围栏系统管理平台

电子围栏　视频监控　报警信息

设备：全部　状态：全部　查询

设备	位置	视频监控	抓拍图片	最后报警时间	状态
张力式电子围栏一	北处			2021/11/31 23:40:10	
张力式电子围栏二	南处			2021/10/18 4:10:20	
张力式电子围栏三	东处			2021/7/31 23:59:59	
张力式电子围栏四	西处			2021/10/22 20:10:48	

共10页　上一页 1 2 3 4 5 6 7 8 9 10 下一页

图 7－7　“视频监控”界面

“报警信息”界面如图 7－8 所示，报警信息包含设备、位置、设备号、报警时间、状态、处理时间和情况备注，选择报警时间、位置和状态，可以获取相应的报警信息。

电子围栏系统管理平台

电子围栏　视频监控　报警信息

日期：全部　位置：全部　状态：全部　查询　快速处理

设备	位置	设备号	报警时间	状态	处理时间	情况备注	操作
张力式电子围栏一	北处	001	2021/11/31 23:40:10	未处理			
张力式电子围栏二	南处	002	2021/10/18 4:10:20	已处理	2021/10/19 8:20:40	动物攀爬	
张力式电子围栏三	东处	003	2021/7/31 23:59:59	已处理	2021/8/1 9:8:40	动物攀爬	
张力式电子围栏四	西处	004	2021/10/22 20:10:48	未处理			

共10页　上一页 1 2 3 4 5 6 7 8 9 10 下一页

图 7 - 8 “报警信息”界面

点击“报警信息”界面的“快速处理”则进入报警信息处理界面，如图 7 - 9 所示，管理人员可以对引起报警的具体情况进行备注，如“动物攀爬”“张力线松弛”等，这些备注可以作为后期评估电子围栏环境适应性、误报率等性能的依据。

图 7 - 9 报警信息处理界面

目前，张力式电子围栏凭借误报率低、适应性强、性能稳定等特点较为广泛地应用于周界警戒。张力式电子围栏在前端张力线达到张力阈值时会自动报警，而张力线的物理性质决定了其张力会受到外界环境影响，再加上电子围栏的使用场景具有不确定性，气象环境、自然物体等都有可能造成报警误差，因此误报率是检测电子围栏性能的一个关键指标，环境自适应技术也仍是电子围栏技术研发的一个重要方向。

从技术性能来看，广拓 V7 张力式电子围栏(简称为 V7)具有威慑、阻挡、报警等功能，在集成控制方面也有了进一步提升。V7 可远程控制张力控制器，对防区类型、防区号、线制、松弛阈值、拉紧阈值等进行设置，实现拉紧报警、断线报警、松弛报警、断电报警、防拆报警等多种报警功能，还能够与电子地图、视频监控等系统实时联动，组成一个更为完整的报警系统。V7 通过算法识别和信号处理实现对干扰和入侵信号的区分，可智能识别外界环境，同时张力线的静态张力值会根据外界环境变化自动调整，使得误报率明显降低。V7 主机具有自检和自诊断能力，内置以太网、RS485 接口，能够满足多种类型的方案需求，系统界面还能够准确显示主机的运行状态、报警状态和通信状态等。

7.4 无人牧场

无人牧场指无需人力劳动介入就能实现全天候、全空间、全过程自主精细化作业的牧场生产模式，目前已发展到完全自主化作业的高级阶段。无人牧场淘汰劳动力是一个循序渐进的过程，物联网、人工智能、大数据、云计算、无线通信、智能装备等技术在这一过程中发挥了关键作用。近年来，随着牧场规模化、集约化程度提高，人力劳动显然无法再满足发展需求，无人牧场发展已成必然。

要实现对人力劳动的完全替代，需要建设能自主运行的系统来完成人的工作。无人牧场通过彼此独立又相互协作的云平台、环境自动控制系统、畜禽自动管理系统进行生产管理，实现牧场的无人化运转。

1. 云平台

云平台是无人牧场的综合管控中心，负责接收、处理、存储、分析无人牧场中的全部数据信息，并根据数据分析结果发布指令，调控现场设备。决策是云平台的核心功能，决策过程以专家系统知识库内的信息以及云平台自我学习所得的经验值作为参考，进行数据处理，得出最优决策方案。采集的全部信息统一存储在云平台的数据库内，用户可以利用计算机、移动终端等设备经网络进行数据访问，了解无人牧场的信息。

2. 环境自动控制系统

牧场环境是影响畜禽生长的关键因素，适宜的环境不仅有利于保障畜禽健康，还能够防止畜禽疫病产生与传播。无人牧场的环境自动控制系统主要用于调节牧场的温湿度和有害气体浓度，将环境监测传感器、摄像机、红外热成像仪等设备安装在牧场中。其中红外热成像仪用于采集畜禽体温数据，所得环境条件、畜禽状态等信息通过无线网络传输至云平台进行处理，云平台根据畜禽品种、生长周期、健康状况等信息发布针对性的指令，自动调控通风机、干燥机、制冷机、湿帘等设备工作，调节牧场环境。根据所采集的图片、数据等环境信息，云平台同时对牧场的清洁程度做出判断，当需要进行牧场清洁时则发布相应指令，启动清扫设备及消毒设备。

3. 畜禽自动管理系统

畜禽管理涉及饲喂、繁育、疾病防治等环节，无人牧场的精准饲喂由云平台和智能饲喂系统共同完成。云平台根据畜禽状态、生长阶段等信息确定饲喂次数和饲喂量，在需要进行投喂时向饲喂设备下达指令，完成饲喂操作，科学管控畜禽进食量。同理，畜禽繁育管理同样也能通过云平台及发情监测系统、授精配种设备、分娩协助机器人等实现。

在畜禽疾病防治环节，消毒机器人、消毒液喷洒设备根据云平台下达的消毒指令，对畜舍和畜禽进行消毒。药物注射机器人对接种期畜禽进行统一疫苗接种，当畜禽发生疾病时，云平台发送畜禽编号、疾病类型、所需药物信息，药物注射机器人利用图像识别技术和射频识别技术自动识别患病畜禽个体，完成药物注射，并将注射信息实时上传至云平台进行存储。云平台也会对患病畜禽的治疗价值做出判断，控制无人车将不能疗愈的畜禽运送至处理区进行无害化处理。

第8章　物联网与畜禽疫病防控

8.1　我国动物疫情信息化监管体系建设情况

我国已逐步推动建立畜禽兽医信息化系统，着力以信息化手段强化动物疫情联防联控体系，提升动物疫病防控能力，具体措施可以概括为以下几点：

(1) 强化基层动物防疫体系。发布《关于促进畜禽业高质量发展的意见》等文件对强化动物防疫体系作出明确规定，同时将动物疫病强制免疫、强制扑杀、养殖环节无害化处理等纳入财政补贴范围。

(2) 加强信息化监管体系建设。通过系统建设强化对畜禽业综合信息、畜禽产品溯源信息的规范化管理，推进养殖数据实时采集传输、畜禽产品溯源等进一步发展；完善国家动物疫病防治信息系统，定期组织专家分析疫情发生风险及流行态势，提高监测预警的准确性。

(3) 加强应急处置体系建设。储备动物防疫应急物资，以应对动物突发疫情；建设病死畜禽无害化处理场，目前国内已建成600多家；结合地方实际，有针对性地开展重大动物疫情应急培训和演练。

8.2　物联网畜禽疫病防控

物联网的应用使畜禽疾病防控的信息化水平明显提高，传感、个体识别、大数据、云计算、人工智能等技术，有助于解决掣肘畜禽业发展的疾病问题，为畜禽疾病防控提供有力支撑。物联网在畜禽疾病防控方面的应用主要体现在畜禽疾病监测、诊断和防控决策三个方面。

8.2.1　畜禽疾病监测

畜禽感染疾病时，其体温、呼吸、脉搏、行为等会产生变化，这些变化可以直观反映畜禽的健康状况。借助生物传感、热红外遥感、射频识别、视频监控、图像处理等技术，监测畜禽的生理指标和行为动作，在此基础上可以预测畜禽可能发生的疾病，找出异常畜禽，及时预警。

畜禽疾病监测系统原理图如图8-1所示。

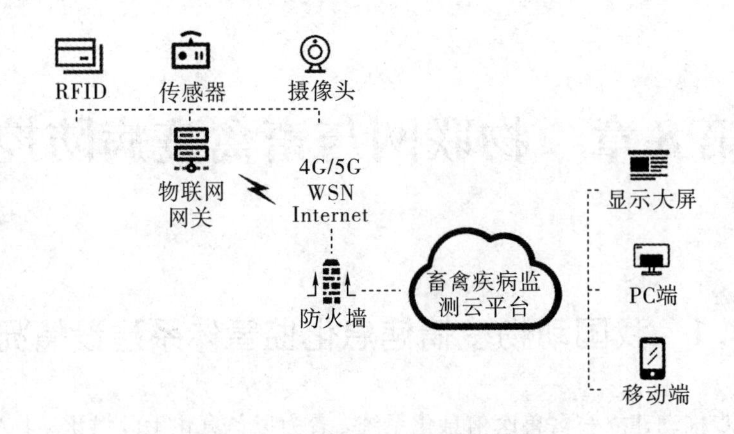

图 8-1 畜禽疾病监测系统原理图

以畜禽体温检测为例，温度传感器、红外热成像技术均可用于检测畜禽体温。温度传感器一般放置在畜禽耳道边缘，其获取的温度信息以有线或无线方式传输至畜禽疾病监测云平台，最后在显示大屏、PC 端或移动端上显示出来。与畜禽呼吸、脉搏相关的数据同样可以使用相应的传感器，以相同的传输路径来获取。

红外热成像技术能够实现非接触体温测量，在识别与体温有关的生理和病理方面多有应用。物体温度不同，辐射的电磁波也不同，红外热成像技术以此为原理将电磁波信号转换成可见的温度图像，红外热成像的深和浅分别表示物体体表温度的低与高，经计算可以得到具体的温度数据。在畜禽业方面，使用红外热成像技术可以识别畜体表不同区域的温度，分析畜禽的热应激反应，了解其温度状态与生长环境的关系，进而作为提升动物福利的依据。

为检测畜禽体温，通常使用高热敏度、高精度的红外热像仪采集畜禽红外图像。红外热像仪由检测装置、控制装置和图像处理系统组成，其主体部分包括红外摄像头和处理器。红外热像仪将物体发射的红外信号转换成电信号，经处理后在显示器上显示出来，红外信号因而变成了可见图像，其原理如图 8-2 所示。由于红外热像仪检测会受到发射率、温度、湿度、背景噪声、距离等因素影响，因此在检测过程中还应尽量排除外界因素干扰，从而得到较为准确的畜禽温度分布图像。

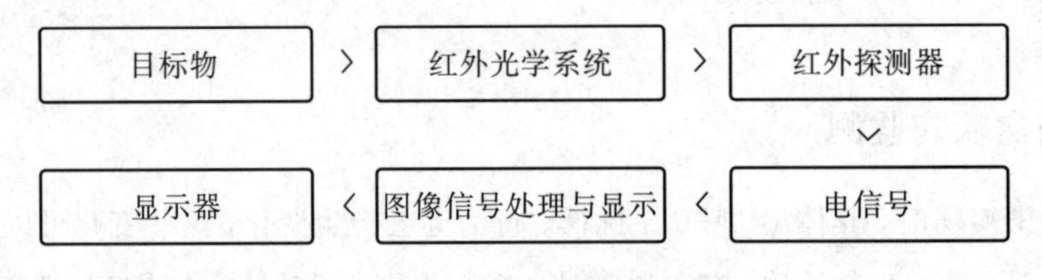

图 8-2 红外热像仪原理图

要实现对畜禽体温的自动采集和记录，则还需要实现数据通信、远程控制等功能，功能实现原理如图 8-3 所示。畜禽体温自动采集由红外热像仪、红外图像采集控制模块、远程自动控制模块、畜禽体温监测平台交互实现。畜禽体温监测平台是人机交互平台，用户可以预设自动采集畜禽红外图像的时间、频率，也可以根据实际情况在平台上控制设备采集所需图像。畜禽体温监测平台向远程自动控制模块发送指令，远程自动控制模块收到指令后调动红外图像采集控制模块，控制红外热像仪完成对红外图像的采集。

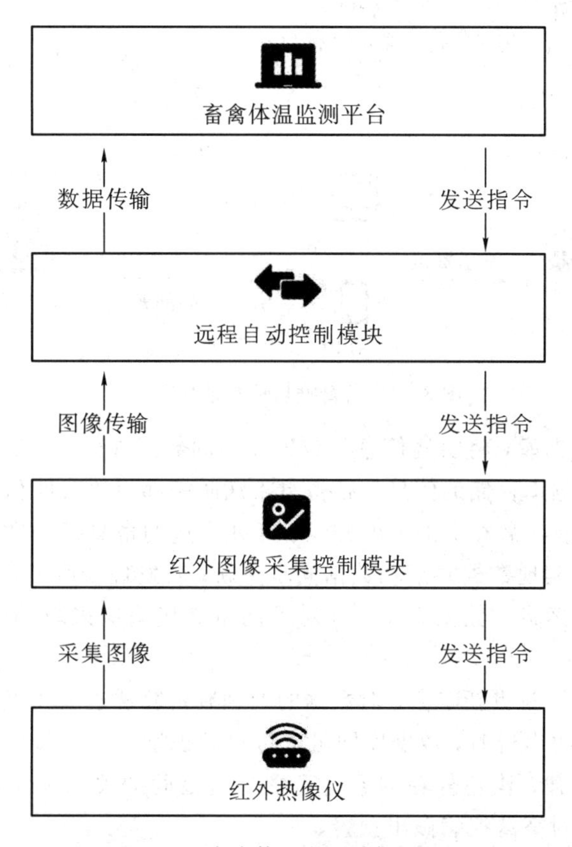

图8-3　畜禽体温自动采集原理图

将红外热成像技术应用于畜禽体温检测，还能够识别一定程度的炎症，数据获取速度快，且采用非接触式检测有效避免了动物可能产生的应激反应。综合运用红外热像仪、监控摄像头、RFID标签，结合图像识别和机器学习算法，可以在检测畜禽体温的同时识别异常畜禽。

当畜禽生理指标出现异常时，其外在行为也会与平常有所不同，畜禽行为主要有采食、饮水、排泄、发情等，其中采食和饮水行为可以较为直观地反映畜禽的健康状况。用监控设备获取畜禽行为画面后，运用图像处理技术提取相关特征信息进行分析，结合目标检测算法和图像识别算法，也能够检测畜禽行动状态，辨别异常情况。

8.2.2　畜禽疾病诊断

物联网畜禽疾病诊断主要通过数据比对、图像识别、专家远程诊断来实现，畜禽疾病诊断系统原理图如图8-4所示。

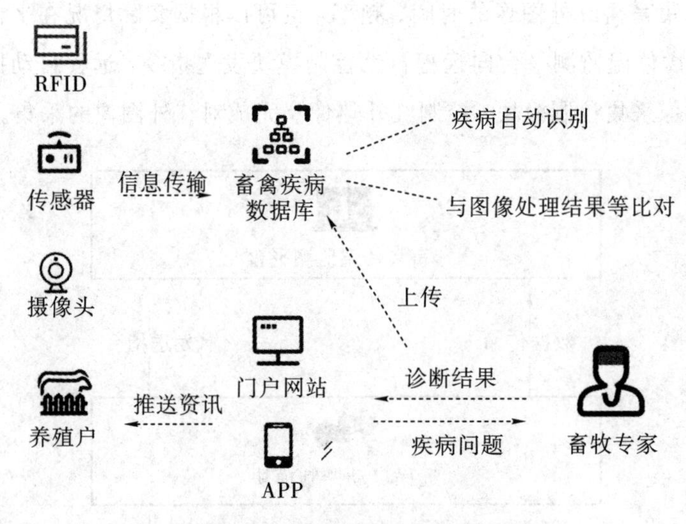

图 8-4 畜禽疫病诊断系统原理图

建立畜禽疾病数据库，将疾病信息与数据库中的数据进行比对，是实时分析疾病的有效方式。畜禽疾病数据库存储的信息包括畜禽疾病防控部门的数据和专家诊断所得的疾病数据，前者包含与畜禽疾病相关的专业知识、经证实过的畜禽疾病数据，畜禽疾病防控部门与畜禽疾病数据库实现数据共享和数据同步更新；若发现新型畜禽疾病，则相关数据经检验证实后，也统一存储于数据库中。针对不同畜禽疾病应采取的防治措施也加入数据库，便于日后采用。

数据库内容需要不断更新丰富，对数据的处理判定算法也要不断改进，以确保诊断的准确性，当类似疾病再出现时，数据库即可进行自动识别。基于数据库内的海量数据总结出畜禽疾病发生的规律，构建外在因素与畜禽疾病之间的关系模型，掌握畜禽的发病机制，有助于后期及时对畜禽疾病做出预警。

图像识别技术是诊断畜禽疾病的关键技术，提取畜禽监测所得图像的形状、颜色等特征，与数据库内的数据进行对比，即可判断出疾病类型，获取防治方法。当然也会存在在数据库中找不到可匹配疾病种类的情况，这时候就需要另行对疾病进行诊断。

专家咨询系统是物联网畜禽疾病诊断的常见应用，借助计算机、手机等设备，养殖人员与专家进行线上诊断交流。根据养殖人员提供的畜禽症状信息，专家开展远程诊断，诊断结果可以通过系统反馈给养殖人员，或者以在线交流形式进行疾病防治指导。同时根据专家诊断的结果对畜禽疾病数据库进行更新，当疾病再发生时即可实现自动识别与诊断。

随着智能终端普及，物联网畜禽疫病诊断系统的应用也变得更加便捷，养殖人员通过PC端或手机用户端可以获取疾病的发生发展情况，采取针对性的防治措施，从而提高疾病防治效率，减少损失。然而，凭借数据库和专家在线交流平台进行诊断，往往会受到畜禽信息采集不全面、不准确等问题的影响，为进一步提高准确率，仍需要与人工现场诊断相结合。

8.2.3 畜禽疾病防控决策

畜禽疾病防控决策是减轻畜禽疾病危害的关键环节，在畜禽疾病防控决策工作中加入物联网应用，将有利于强化决策机制，提高疾病防控的速度。发达国家早年间已建立了紧急动物疾病控制系统，如美国的“国家动物卫生报告体系”、澳大利亚的“国家动物卫生信息系统”等。我国也建立了全国动物疾病防控云平台，用于动物疾病的监测与防控。

物联网对于畜禽疾病防控决策意义重大。结合传感器等信息采集模块、无线网络等信息传输模块，物联网可以解决动物疾病信息获取滞后及不准确的问题；利用大数据技术分析获取的数据，通过 GIS 技术将病情爆发地点准确显示在电子地图上，开展空间分析与建模，便于研究病情发展态势；建立基于网络和 GIS 的应急指挥平台，用于查询与病情、人员、单位等有关的信息，获取病区养殖场分布、染病畜禽无害化处理等数据，有助于及时控制病情蔓延。

目前我国畜禽疾病防控信息化功能在信息上报、信息管理、应急预案方面比较突出，接下来仍应扩大物联网覆盖范围，提高数据采集的真实性和时效性，丰富数据内容，深入研究数据管理方法，建立能够高效应用于畜禽疾病防控的智能防控决策系统。

8.2.4　畜禽疾病防治远程服务平台

畜禽疾病防治远程服务平台是用于畜禽疾病防治的信息化支撑工具。建立畜禽疾病防治远程服务平台，既可以缩短从疾病发现、被诊断到真正采取防治措施之间存在时间差，防止出现延误畜禽疾病最佳防治时机的问题，也可以在制定统一数据交互标准的前提下，为畜禽养殖提供实时养殖数据及疾病数据等的上传入口，形成畜禽养殖数据与疾病数据资源库，充分挖掘数据利用价值，提高畜禽疾病防治的效率。畜禽疾病防治远程服务平台功能结构图如图 8 - 5 所示。

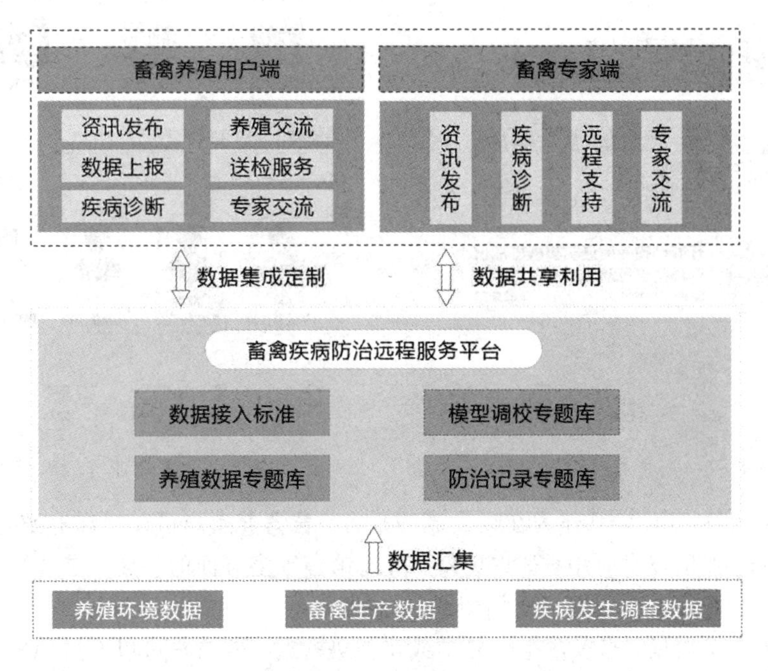

图 8 - 5　畜禽疾病防治远程服务平台功能结构图

养殖户和专家是畜禽疾病防治远程服务平台关联的两个关键角色，养殖户通过平台展示养殖及畜禽发病相关数据，专家据此进行疾病诊断，提供防治建议。基于移动互联技术，开发畜禽疾病防治 APP，分为畜禽养殖用户端和畜禽专家端，同步畜禽疾病防治远程服务平台上的数据，不仅可以实现畜禽疾病远程防治功能，还能使畜禽疾病防治变得更加便捷。

1）畜禽养殖用户端

畜禽养殖用户端供畜禽养殖户使用。养殖户通过 APP 可以获取畜禽业最新资讯；发布或解答畜禽养殖相关问题，与其他养殖户进行交流，分享养殖经验；上传与畜禽养殖和畜禽疾病诊断相关的数据；与专家进行在线交流，向专家寻求养殖指导、疾病诊断等方面的支持。畜禽养殖用户端首页如图 8-6 所示。

（1）畜禽业资讯。平台不定期更新发布与畜禽业产业链上各环节相关的最新资讯，如畜禽品种、养殖技术、疾病防控、畜禽产品市场变动、行情价格、畜禽业政策法规等方面的信息。养殖户使用 APP 可以实时了解畜禽行业发展情况，据此对内部畜禽生产经营管理进行调整。畜禽业资讯界面如图 8-7 所示。

图 8-6 畜禽养殖用户端首页　　图 8-7 畜禽业资讯界面

（2）疑难问答。以 APP 作为在线交流的平台，畜禽养殖户可以提出养殖过程中遇到的生产资料采购、养殖技术应用、畜禽免疫、畜禽销售等多方面的问题，或者解答他人疑问，分享畜禽生产经验。疑难问答界面如图 8-8 所示。

（3）上传疾病数据。当畜禽生长异常或疑似染病时，养殖户可以通过 APP 向专家寻求帮助，在此之前，养殖户需要将养殖过程中采集的数据、图片、视频等信息上传至 APP 平台，为专家提供诊断依据。数据上传界面如图 8-9 所示。

（4）疾病诊断。根据养殖户在养殖场采集的养殖环境及畜禽症状等信息，专家在平台上进行线上诊断，并给出防治措施，养殖户与专家也可以通过 APP 进行在线交流。疾病诊断界面如图 8-10 所示。

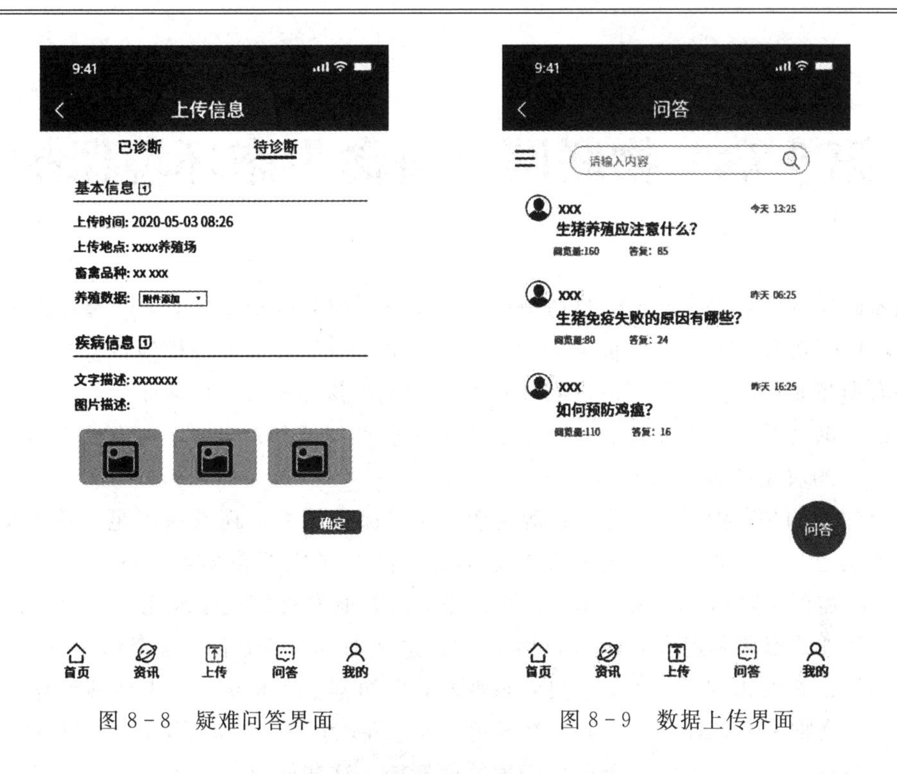

图8-8　疑难问答界面　　　　图8-9　数据上传界面

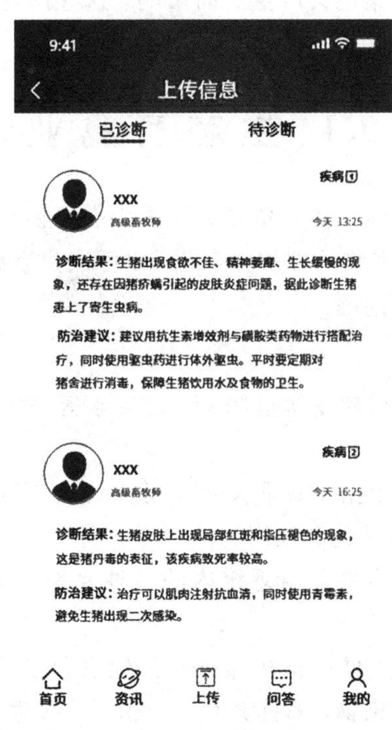

图8-10　疾病诊断界面

2）专家端

专家端供畜禽专家使用。专家通过APP可以获取丰富的行业资讯；向养殖户远程提供养殖技术支持；根据养殖户提供的信息诊断畜禽疾病；与其他专家进行在线交流。

第9章　物联网与畜禽生态环境保护

国家政策和资金的扶持，以及动物育种、营养与饲料科学、卫生防疫等技术的普及与发展，对我国畜禽业发展起了极大的推动作用。畜禽业扩大发展规模使得畜禽产品种类和产量均有所增加，畜禽业总产值占农业总产值的比例逐年提高。畜禽业为农业饲料产品提供市场的同时也参与产品加工与流通，已经成为生产形式相对独立、与人民生活和经济发展息息相关的农业产业之一。

值得注意的是，我国畜禽业在资源配置、环境保护等方面还有所不足，对产业的可持续性发展缺乏足够的重视。畜禽业发展必不可少的自然资源包括生产饲料所需的耕地资源、放牧所需的草地资源、水资源。长期以来，畜禽业发展模式呈现出“重开发轻环保”的特点，不合理的资源利用方式导致自然资源日益枯竭，草场退化、水资源短缺问题突出。过度依赖资源消耗来促进生产，忽视生态平衡，也加剧了水土流失、土地沙漠化等生态环境问题。污染物未经处理直接流向自然环境，对空气、水体、土壤等造成严重污染，不仅不利于牲畜生长，而且对人体健康也会产生负面影响。这些问题如果不能得到解决，将会给畜禽业自身的发展造成很大的阻碍。

9.1 生态畜禽业

区别于传统畜禽养殖，智慧畜禽养殖更为注重生态平衡与环境保护，致力于推进畜禽养殖、畜禽产品加工、畜禽排泄物处理的生态化，以解决生态破坏、环境污染、畜禽传染病频发、动物食品质量难保障等问题。

1. 生态畜禽业特征

(1) 促进废弃物再利用。对动物排泄物、养殖废水等畜禽业废弃物实行再利用，以减少养殖污染。

(2) 结合其他农业产业。根据畜禽业发展实际情况合理配置种植业、渔业等产业，以推动不同农业产业之间的资源转化和利用。

(3) 维护生态秩序。协调畜禽养殖系统内的各种要素，以促进物质和能量有序循环，维护畜禽养殖生态平衡。

(4) 统一生态和经济效益。推动畜禽养殖及其他农业产业高效、优质发展，以增加经济效益，同时减少废弃物与污染物，发挥其利用价值，挖掘生态效益。

2. 生态畜禽业建设模式

1) 建设生态养殖场

(1) 饲料清洁生产与精准配制。在培植饲料作物时合理选用土地、肥料等生产资料，以优化作物培植环境，提高饲料品质。根据畜禽品种和长势，精准设计饲料配方，以满足畜禽营养需求。

(2) 优化畜禽生长环境。利用物联网、人工智能等技术监测水、空气等畜禽养殖环境要素，监控畜禽生长及生理状况，使管理人员能够及时发现、处理环境问题。

(3) 废弃物资源化处理。利用畜禽排泄物进行沼气发酵，作为能源补给；利用沼气发酵后的残留物作为沼气肥，供种植业和养殖业使用。

2) 推动产业资源互补

种植业生产饲料用于发展畜禽养殖业，而畜禽养殖产生的粪污转化为有机肥又可供种植业使用，或者转化为饲料资源来发展水产养殖业，实现了资源互补利用，并构建了小型生态循环系统，如鱼菜共生系统、鱼鸭立体养殖系统等。

9.2　物联网畜禽生态环境保护应用

9.2.1　畜禽物联网土壤监测

畜禽养殖会产生粪尿、废水等废弃物，尤其是在发展规模化畜禽养殖的过程中，如果不经处理随意排放这些废弃物，会对周边的空气、土壤和水质环境造成破坏性影响。畜禽粪尿中含有大量的重金属元素，如砷、铜、镉、锌、钴、镍等，畜禽粪尿随意排放后渗入土地，重金属元素移动性差且不能被微生物降解，将在土壤中累积而导致土壤污染。另外，畜禽粪尿也常作为农业肥料，大量施用会对土壤盐度、酸碱度等带来影响，还可能造成土壤硬化、板结和盐化，最终导致种植效率下降。为防止畜禽养殖造成土壤环境污染，除了严格限制畜禽养殖废弃物直接排放，减少粪肥使用，同时也要对土壤环境进行监测，做到防治结合。

应用物联网建立土壤监测系统，实时监测养殖场周边的土壤环境，同时建立污染预警机制，由此将土壤环境质量控制在合格范围内。将传感器安装在养殖场周边区域的土壤中，全天候监测 pH 值、重金属等参数；传感器终端节点、路由节点、协调器节点分别负责采集数据、传递数据和汇聚数据；不同节点之间通过 ZigBee/NB-IoT 协议组建网络，最后协调器节点将数据通过无线通信网络传输到云平台。物联网土壤监测系统整体架构如图 9-1 所示。

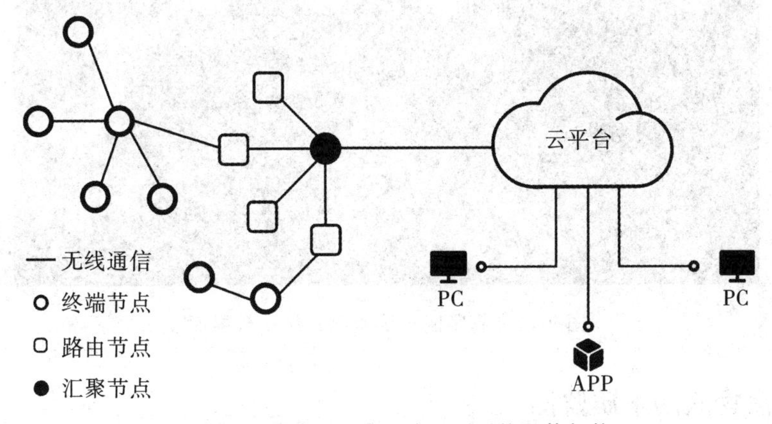

图 9-1　物联网土壤环境监测系统整体架构

云平台采用C/S(Client/Server)架构与B/S(Browser/Server)架构，负责存储、处理土壤环境监测数据，分析土壤质量情况，并对数据、阈值、设备、用户实行统一管理。物联网土壤监测系统云平台功能模块如图9-2所示。

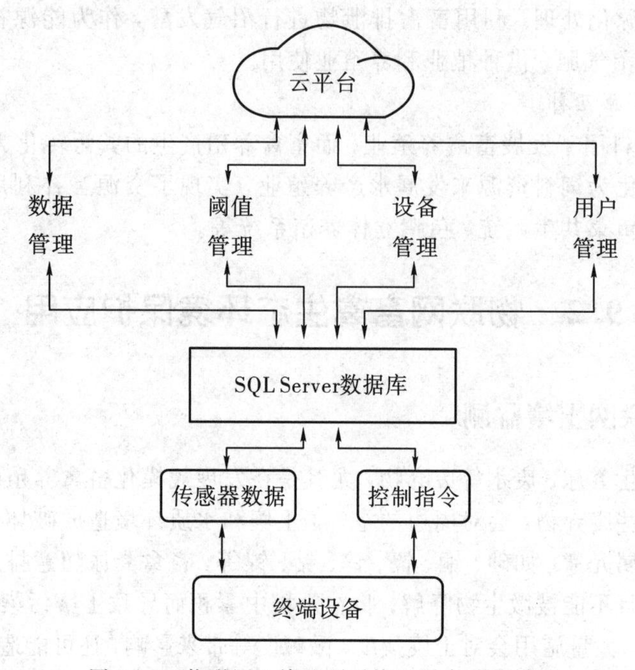

图9-2　物联网土壤监测系统云平台功能模块

传感器监测获取的数据经处理后被传输到PC端和APP上，用户登录系统平台即可查看实时的监测数据。如果设置报警阈值，系统还可以预警土壤污染情况，及时提醒用户对土壤污染进行处理。物联网土壤监测系统平台界面如图9-3所示。

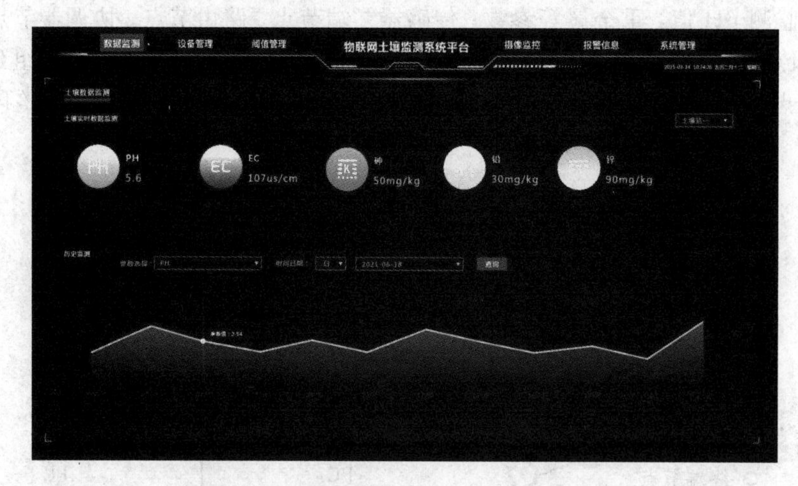

图9-3　物联网土壤监测系统平台界面

9.2.2　畜禽物联网水质监测

畜禽养殖场排放的污水未经净化处理排放，会对养殖场及其附近的水体造成污染，不仅会影响畜禽养殖质量，对所在区域及其周围的人员也存有潜在危害。建设物联网水质监测系统用于监测水体环境，可以提高监测的准确程度和效率，便于全面了解水质情况，有针对性地处理水质污染问题。

物联网水质监测系统集合了传感器、无线视频监控、无线传感网络、移动通信、3D GIS及GPS、数据处理、APP应用等技术，其功能主要包括：

（1）数据采集。在所需监测水体环境中安装水质传感器，检测可以指示水体污染的参数，如温度、浊度、总磷、pH值、氧化还原电位、电导率等。通过视频监控设备采集水质监测现场视频及图像信息。

（2）数据传输。水质监测设备将采集的数据通过基于ZigBee/NB-IoT的无线传感网络、4G/5G移动通信网络和微波通信等各种网络技术传输至数据平台。

（3）数据存储与分析。数据平台存储水质监测实时数据、历史数据以及监控视频和图像，通过大数据技术进行数据分析，以保证数据平台稳定、高效运行。

（4）设备控制与异常报警。水质监测管理平台通过标准数据传输通信协议与水质监测设备和控制器相连，管理人员根据正常水质标准在水质监测管理平台上设定阈值，当水质参数数据超出阈值上限或下限时，系统自动报警，同时启动相关设备对水质环境进行调节。

（5）数据共享。水质监测信息存储在系统数据平台中，其余各个子系统产生的数据也汇聚到该平台，再分享给用户使用，实现对信息的统一管理和共享。用户可以通过系统平台或手机APP查询这些信息，查看任意水质监测点和监测参数的实时数据。图9-4、图9-5所示分别为物联网水质监测APP的数据监测界面和水质参数历史数据。

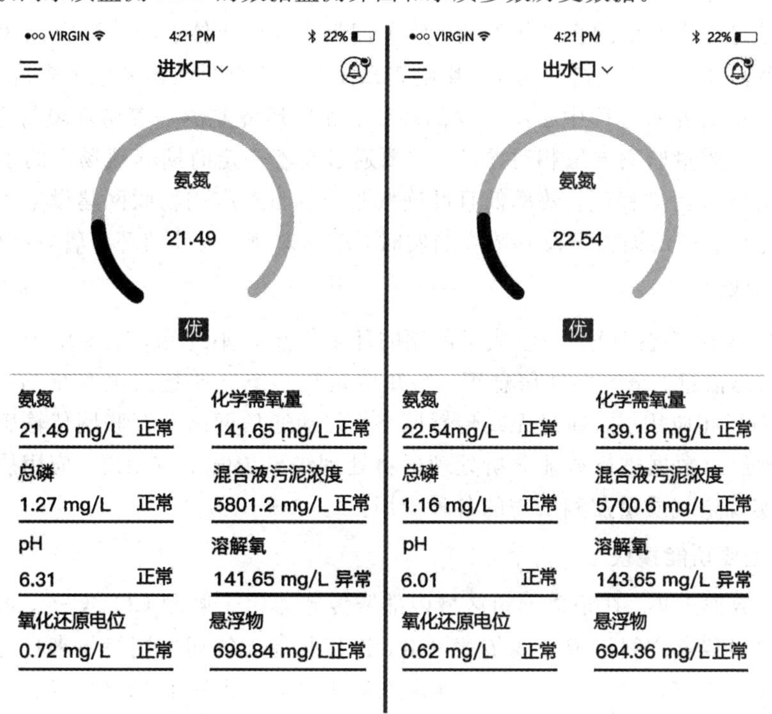

图9-4　物联网水质监测APP的数据监测界面

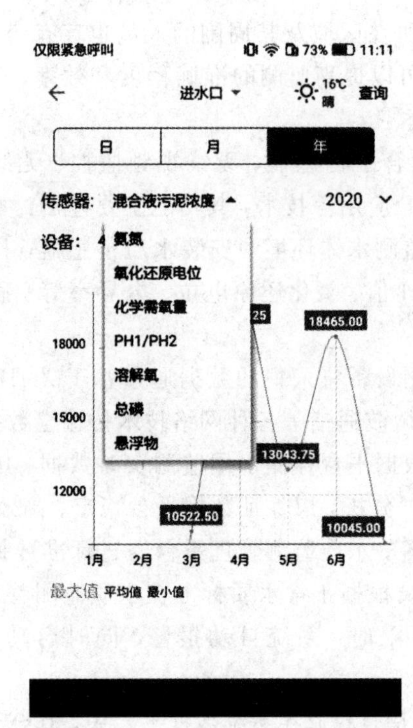

图 9－5 水质参数历史数据

9.2.3 畜禽物联网空气质量监测

畜禽养殖过程中产生的畜禽排泄物、残余饲料、畜禽尸体、污水等废弃物如果不经过妥当处理，都会对空气环境造成污染，影响畜禽生长，甚至给人体健康带来危害，因此，养殖环境管理是畜禽养殖过程中必不可少的环节。养殖环境监测是养殖环境管理的前提，传统的养殖场空气质量监测方法相对繁琐，主要通过观察一定时期养殖场内的主要污染物及其变化来了解空气污染程度，效率低且准确率难以保证。应用物联网建设空气质量监测系统，可以实现对空气污染类型及其浓度的实时、动态监测，为养殖环境管理提供了便利。

1. 系统架构

感知层传感器、监控设备等组成了前端的环境信息采集终端，主要用于采集空气参数数据、设备状态信息、报警事件信息等。感知层是整个空气质量监测系统的基础；传输层用于连接感知层和应用层，通过无线传感网络、移动通信网络和互联网传输感知设备采集的信息；处理层对数据进行智能分析处理后将处理结果传输至应用层；应用层基于数据处理结果构建实现空气质量监测所需的各种应用。

2. 系统主要功能模块

(1) 环境数据采集。在畜禽养殖区域内部署传感器用于监测 CO、CO_2、NH_3、H_2S 等的浓度，传感器节点之间组成无线传感网络，连接其他无线通信网络将来自各养殖区域的环境数据上传至空气质量监测云平台，养殖人员从 PC 端或手机 APP 登录物联网空气质量监测系统，即可查看所监测区域的空气质量数据。物联网空气质量监测系统平台和空气质量监测 APP 的数据采集界面分别如图 9－6、图 9－7 所示。

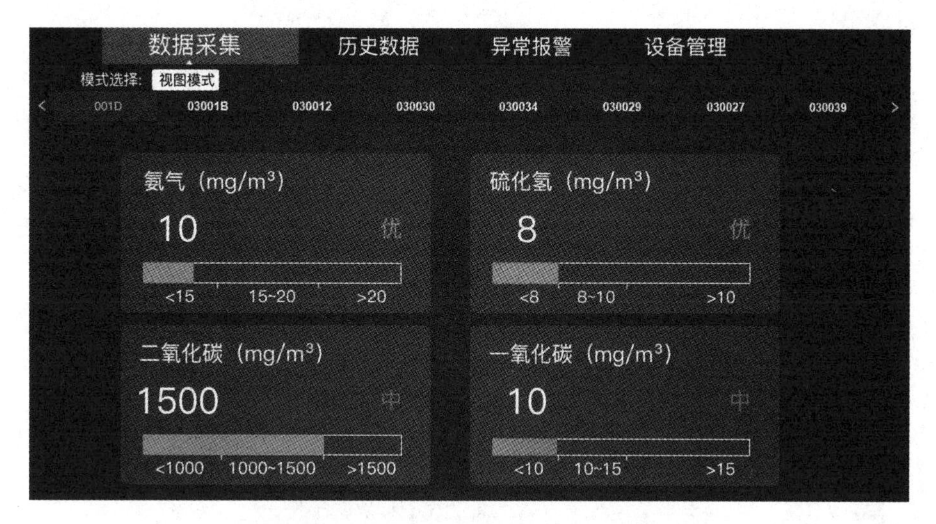

图 9-6　物联网空气质量监测系统平台的数据采集界面

图 9-7　空气质量监测 APP 的数据采集界面

(2) 智能控制。预先在系统中设定所监测参数的阈值，当某一气体浓度超出阈值范围时，系统会自动发出警报；气体浓度恢复正常时，警报自动解除，从而方便养殖人员尽早发现空气质量问题并采取处理措施。空气质量监测 APP 的阈值设定界面如图 9-8 所示。如果环境异常报警系统长时间响应，但没有发生环境调节及改善情况，智能控制系统将开始运行，自动开启通风设备，从而改善养殖场空气质量。

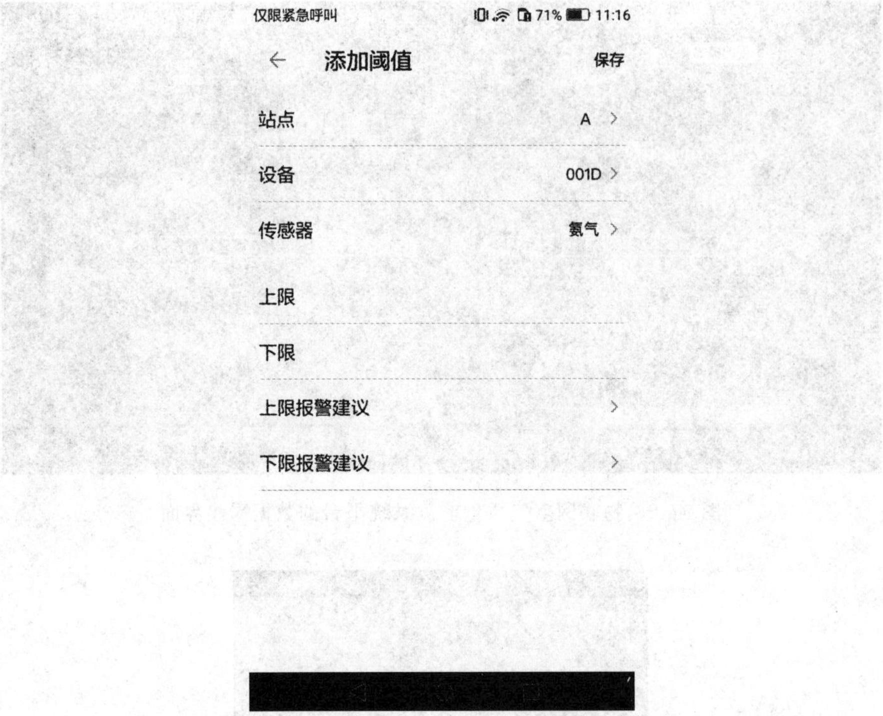

图 9-8 空气质量监测 APP 的阈值设定界面

(3) 无线视频监控。用户进入空气质量监测系统的“无线视频监控”模块，可以远程查看所监控养殖区域的实时画面，如畜禽活动情况、传感器及环境调节设备的位置和运转情况等，并且可以控制旋转云台和变焦，进行细致观察，方便及时发现异常。

9.2.4 碳排放监测

据统计，畜禽业每年排放的甲烷、二氧化碳、氧化二氮等温室气体占人类生产总排量的大概 15%，饲料生产加工及运输、畜禽消化、粪肥腐解、畜禽产品加工和运输等众多环节都是温室气体产生的源头，畜禽业仍有较大的碳排放潜力等待挖掘，通过优化畜禽饲料结构配比、选择更优的畜禽品种、提高畜禽生产性能、建设沼气工程、采用智能化的养殖管理技术等均有助于实现较大程度的畜禽业碳减排。

目前由于我国的规模化畜禽养殖企业相对较少，农村散养占了养殖生产的绝大部分，且养殖生产过程容易受到市场、疫病等因素影响，养殖规模不确定性大，导致养殖业的碳排放量难以统计，通常只能简单估计，数据实时性和准确性低，碳排放科学管理也因此受到了限制。实时获取碳排放数据是有效控制碳排放的重要前提，为此可以利用物联网技术，通过安装检测装置和应用网络技术，将与温室气体排放相关的能源消耗、三废排放等数据实时上传至数据库，这不仅能够提高碳排放数据质量，也有利于养殖企业开展精细化管理，制定企业转型战略。如果进一步建立碳排放公共监测平台，还有望探索出覆盖碳排放数据监测分析、政府企业共同监管、节能减排服务等的碳排放智能管理模式。

具体来说，物联网能够从感知、传输、处理、应用四个层面实行碳排放管理，其应用架构如图 9-9 所示。

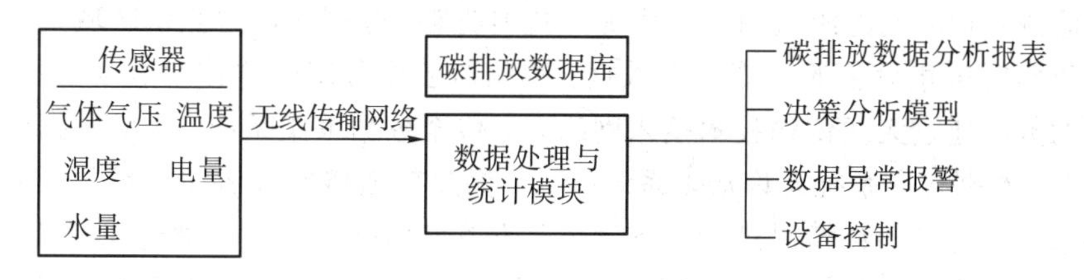

图9-9　物联网碳排放监测应用架构

以能源消耗监测为例，目前，畜禽业正处在现代化转型过程中，规模化、产业化、机械化程度在逐渐加深，畜禽业生产需要与之相匹配的生产资料投入，畜禽业现代化水平提高，自动化、机械化设备增多，必将伴随着能耗的增加。而当前节能降耗是我国乃至全球面临的重大议题，再加上我国正处于高速发展阶段，对能源的需求量大，在生产发展过程中降低能耗和提高能源利用效率尤为关键。畜禽业作为我国农业经济的支柱产业，在其发展过程中实行先进的能源管理方式能够有效降低能源成本，从源头减少碳排放，带来更好的经济效益和环境效益。

电能是发展畜禽生产必不可少的能源之一，畜禽业节电是个系统工程，除了研究使用节电养殖技术和设备，也要加强对各个环节的用电管理，监测消耗情况，分析利用效率，解决浪费问题，保障用电安全，由此促进电能高效利用，进而推动畜禽产业增长方式转变。建设基于物联网的能源监测分析系统，将用电过程、用电设备运行状态等转化成可视化的数据，辅助用电管理，有助于实现真正意义上的节能降耗。

物联网能源监测分析系统是以物联网、无线通信、云计算和人工智能等技术为手段，面向畜禽养殖用电过程，实现电能消耗数字化、设备运行可视化以及用电管理科学化的综合系统，系统架构如图9-10所示。

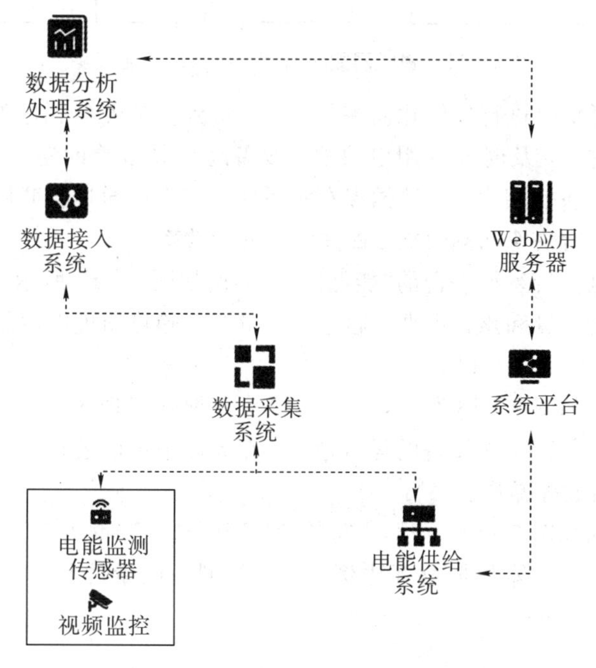

图9-10　物联网能源监测分析系统架构

能耗监测是物联网能源监测分析系统的基础功能。分布在畜禽养殖区域中的电能监测传感器用于实时采集设备的电能消耗数据；视频监控设备用于监控用能设备的运行情况，并将获取的数据通过无线传输技术接入网络，上传至数据采集系统，确保数据传输的及时性和准确性。数据接入系统允许众多系统接入，保障数据传输和各个系统灵活运转。数据分析处理系统对电能消耗情况进行多维度统计和在线分析，实时反馈电能消耗总量、变动趋势等，当出现耗能异常情况时及时发出报警信息，保障供能网络和用电设备的安全。Web应用服务器提供网上信息浏览服务，从而将信息发布至系统平台。用户通过系统平台登录浏览器可以实时浏览有关数据，下载数据文件，还可以根据实际的电能消耗情况和用电设备运行状态自适应调整调控电能供给系统，调节能源供给设备的输出电压，保障用能安全。

物联网能源监测分析系统的主要功能模块包括能耗监测、视频管理、能耗分析、紧急报警和系统管理，如图9-11所示。

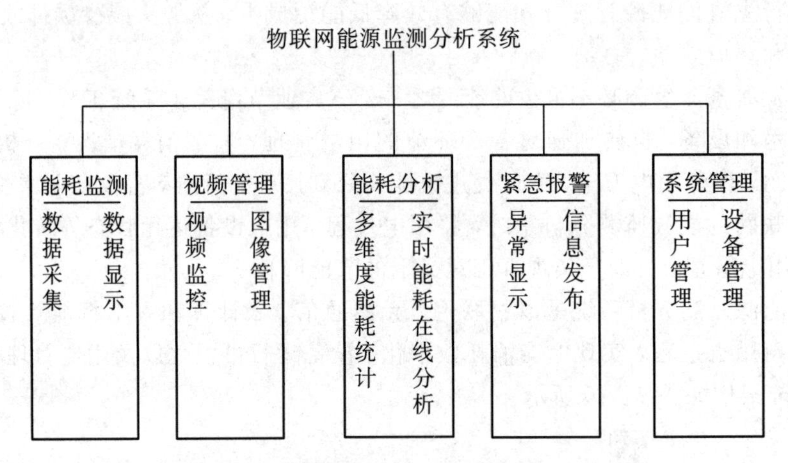

图9-11 物联网能源监测分析系统功能模块

通过对电能消耗情况进行精细化监测与分析，得到畜禽养殖耗电的详细信息，可以为用电管理提供数据佐证，及时发现用电浪费、设备运行异常等问题，及时排查设备故障，在节能的同时提升设备使用寿命。数据保存在系统上，用户通过物联网能源监测分析系统平台可以在问题发生时快速回溯数据，提高问题处理效率。

物联网能源监测分析系统平台的“能耗监测”界面如图9-12所示，用户可以选择查看某一时间段的累计用电量和累计电费，通过耗电量变化趋势图可以清楚了解一段时间内的用电情况及其变化，数据也可以导出。

“视频管理”界面如图9-13所示，通过摄像头获取养殖现场视频图像，从中可以了解养殖环境和养殖设备包括用能设备的运行情况，在界面中可以进行截屏、回放、页面放大、分辨率选择、全屏播放等操作。

“能耗分析”界面如图9-14所示，“选择时间”和“选择查询类型”可以查看相应的总能耗、不同类型耗电量的具体数据及其比例，不同类型耗电量的具体数据以环形图形式呈现，可以相对直观地看出能耗比例的大小。

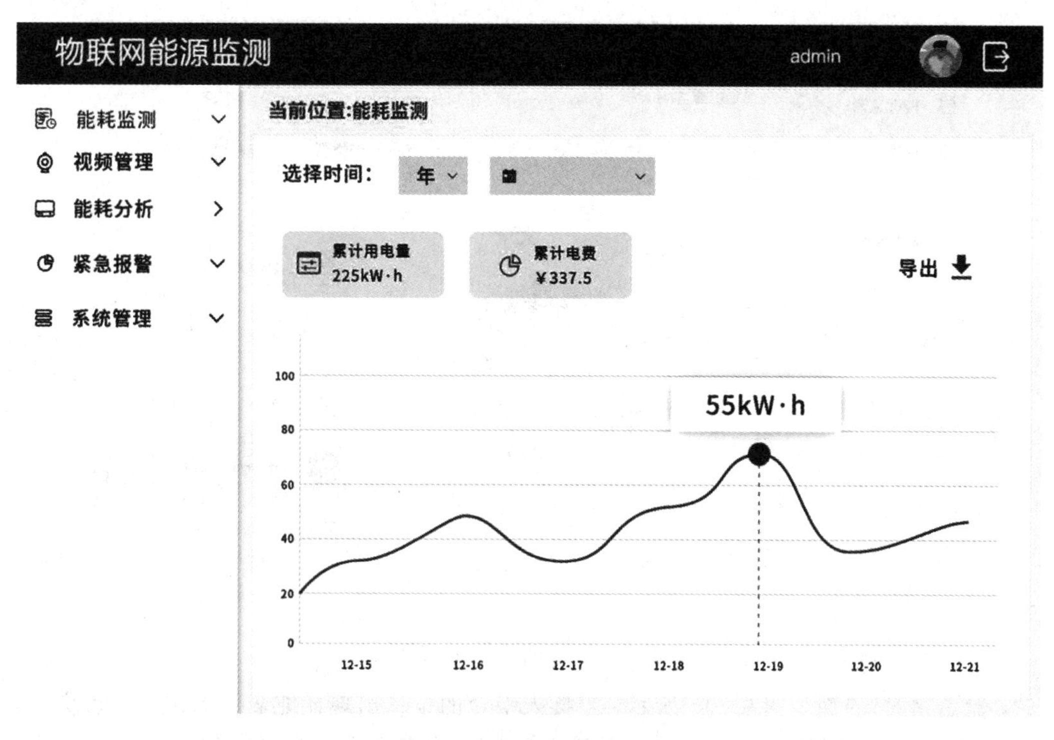

图 9－12　“能耗监测”界面

图 9－13　“视频管理”界面

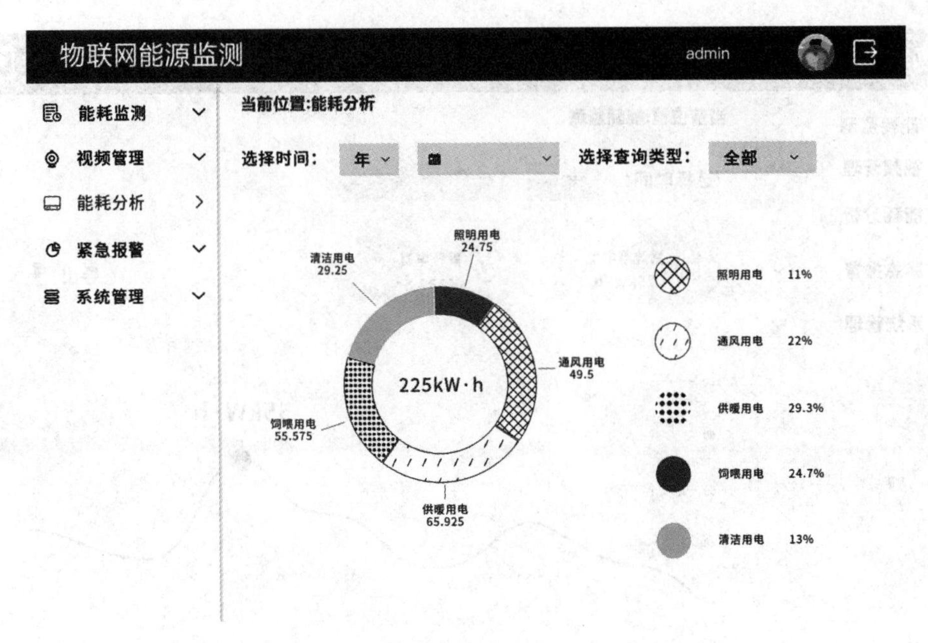

图 9-14　“能耗分析”界面

“紧急报警”界面如图 9-15 所示，当接入平台的设备出现耗能异常状况时，系统会自动发出报警信息，报警信息包含“时间”和“事件”，用户也可以选择时间查询相应的报警信息。

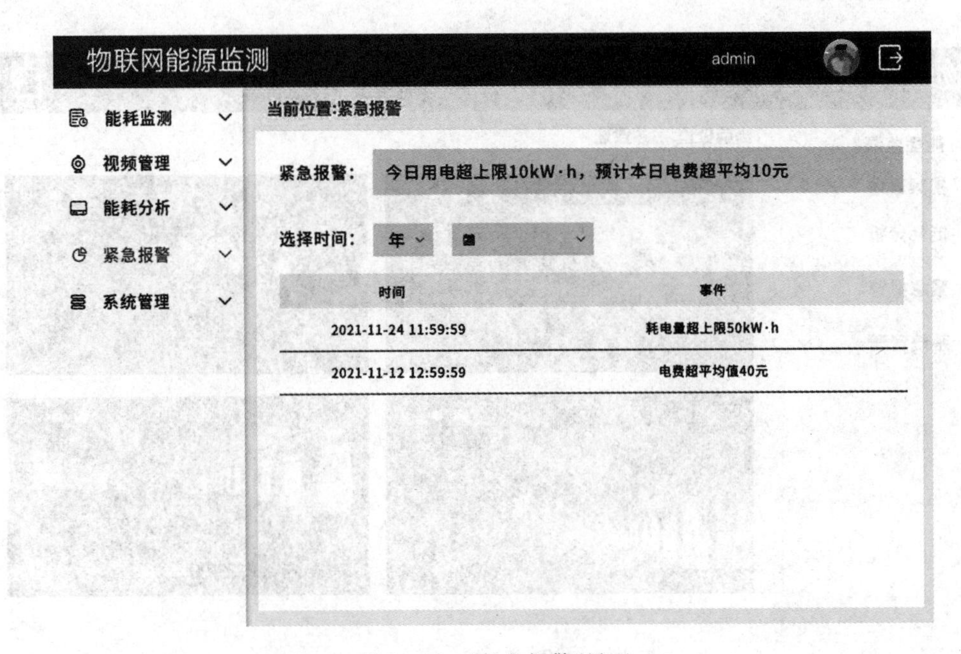

图 9-15　“紧急报警”界面

“系统管理”模块包含“用户管理”和“设备管理”两种功能，其中“用户管理”界面如图 9-16 所示。用户信息包含“用户名”“电话”“邮箱”“权限”“状态”“角色”和“登录日志”，在“操作”选项中可以对这些信息进行修改。点击“添加用户”可以增加其他可登录系统的用户。

图 9-16 “用户管理”界面

通过物联网能源监测可以了解畜禽业能源消耗及其碳排放分布，有效减少能源浪费，结合人工智能还能帮助企业预测和减少碳排放，利于企业更加精准地制订、调整和实现碳排放目标。随着碳达峰、碳中和被提上议程，物联网也将结合区块链技术保证碳排放数据的准确性和真实性，为畜禽业碳减排、碳交易提供及时、准确、全面的数据支持。

9.2.5 智慧路灯

受土地资源稀缺、节能环保理念等的影响，在推动畜禽标准化、集约化养殖的过程中，室内全封闭式养殖应用日渐普遍，这一养殖方式很大程度上隔绝了外部环境，因此需要人工营造适宜畜禽生长的环境条件。光照是畜禽生长极为关键的环境因素之一，对畜禽的活动频率、免疫力、增重速度等都有直接影响，人工光照因此在全封闭式养殖过程中发挥了关键作用。相比于自然光照，人工光照的可控度高，能够根据畜禽的实际生长情况实时调节光照颜色、光照色温、光照强度和光照时长，保证畜禽始终处于适宜的生长环境中，也有利于增加产能。

畜禽对光照的需求与畜禽的种类和生长阶段有关，不同的光色、色温、强度、时长等也会对畜禽生长产生不同程度的影响，人工光照布局的科学性、合理性也因此显得尤为重要。例如，红光能刺激鸡的食欲，绿光能增强鸡对钙质的吸收能力，蓝光能防止鸡产生应激反应；在育雏期和育成期应根据鸡的日龄、周龄调整光照时长和强度；产蛋鸡和肉鸡一般采用的光源分别是黄光和白光，每天所需的光照时长和强度也有所差别……在规模化的畜禽养殖场中，如果依靠人力手段调节光照，劳动强度大且效率低，总体来看并不利于提高养殖效益。

智慧路灯是一种集合了物联网、云计算、移动通信等技术的设施，路灯灯杆上搭载了 LED 调节灯、传感器、高清摄像头、无线网络、LED 显示屏、PLC 控制器、太阳能板等设备，如图 9-17 所示。除了能够满足基本的照明需求，也能实现灯光调节、环境监测、视频监控、远程抄表、异常报警以及信息发布等功能，还能达到降低能耗、美化使用场景的效果，且方便维护。智慧路灯本是智慧城市的重要应用，在智慧照明概念推广和信息技术发展的过程中，智慧路灯的应用场景日渐丰富，在畜禽业领域也开始有所应用。

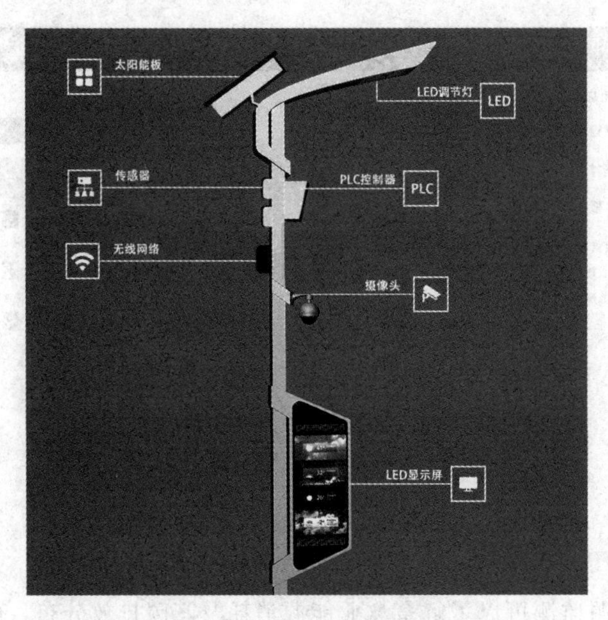

图 9-17 智慧路灯

应用在畜禽业领域的智慧路灯，其系统的感知节点主要包括传感器和高清摄像头。不同类型的传感器用于获取养殖场的光照强度、噪声、温度、湿度、CO、CO_2、NH_3、H_2S 等环境参数数据，这些数据通过无线通信模块统一集中到汇聚节点。摄像头获取畜禽活动视频和图像数据，监控养殖环境和养殖设备。感知节点获取的信息通过无线网络传输到云平台。云平台是一个综合性管理平台，主要用于接收感知节点获取的数据，对数据进行解码、验证和存储，并对数据进行处理、分析，同时将所有信息发布至智慧路灯系统平台，利用分析结果辅助智慧路灯系统管理。智慧路灯系统整体架构如图 9-18 所示。

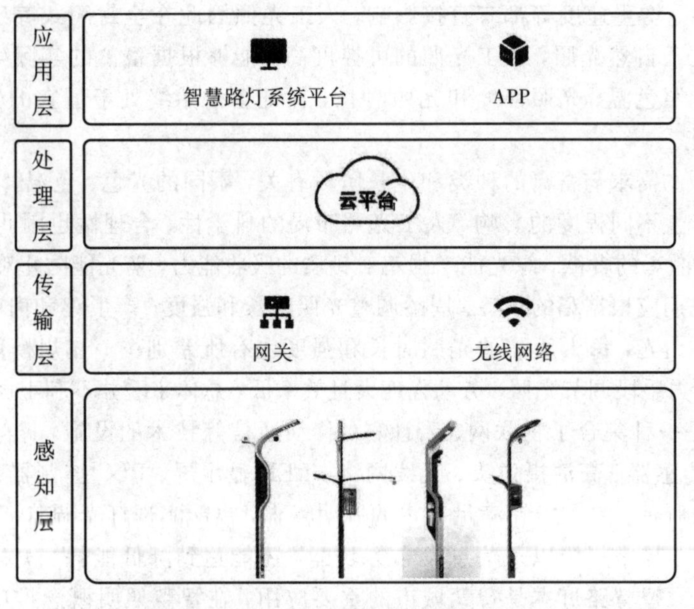

图 9-18 智慧路灯系统整体架构

将智慧路灯系统应用在畜禽业领域，主要实现的功能包括智慧照明、环境监测、视频监控、远程抄表、异常报警和信息发布。智慧路灯系统功能配置如图9-19所示。

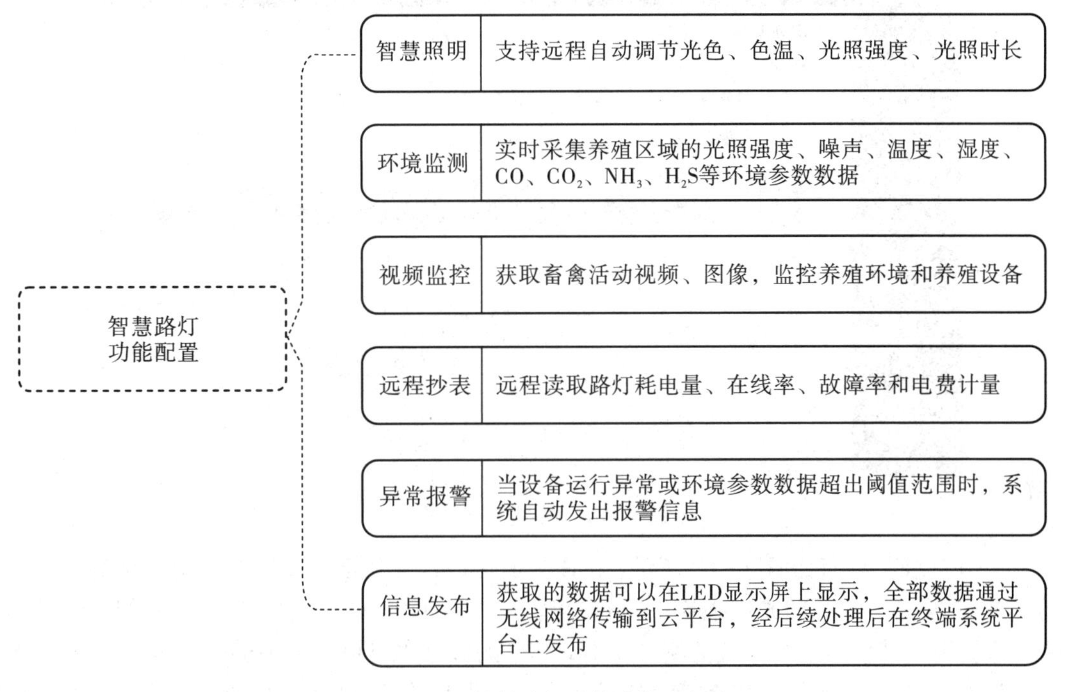

图9-19　智慧路灯系统功能配置

智慧路灯系统平台是应用平台，包含PC端和手机端接入页面，用于显示整个系统的数据信息，用户登录后也可以对整个路灯系统实行管理。智慧路灯系统平台PC端首页如图9-20所示，其中包含“智慧照明”“环境监测”“视频监控”“远程抄表”“异常报警”和“信息发布”六个功能模块，点击任意一个模块，即可进入相应的操作界面。

图9-20　智慧路灯系统平台PC端首页

“智慧照明”界面如图9-21所示。在左侧功能区选择养殖区域即可进入该区域的路灯控制界面，可调节路灯的“光色”“色温”“强度”“开始时间”以及“时长”；在“操作”选项中可以进行设备移除、设备重命名等操作。对于同一路灯设备可以进行多次设置，该路灯即可根据预设条件自动转换工作状态，满足不同类型的光照需求。

图 9-21 “智慧照明”界面

“环境监测”界面如图 9-22 所示。在该界面可以任意切换查看不同养殖区域的实时环境监测数据，其中包括“光照强度”“温度”“噪声”“湿度”“CO”“CO_2”“NH_3”和“H_2S”等参数。系统接入其他类型的环境监测传感器，其监测数据也可以在该平台上显示。选择“设备编号”和“传感器类型”，可以查看该组设备内某一类型传感器监测的数据。

图 9-22 “环境监测”界面

在“环境监测”界面点击任意一项环境参数即可转至“历史数据”和“阈值管理”界面，如图 9-23 所示。输入日期并选定环境参数，即可查找该参数在某一时段内的历史数据变化趋势图，也可将这些数据以统计报表形式导出。在“阈值管理”区域可以设定传感器监测数据的上限和下限，如果传感器监测所得数据超出该阈值范围，系统则会发出异常报警提示。“操作”选项可以用于删除或修改设定。点击“添加”可以增加其他设备进行阈值设定。

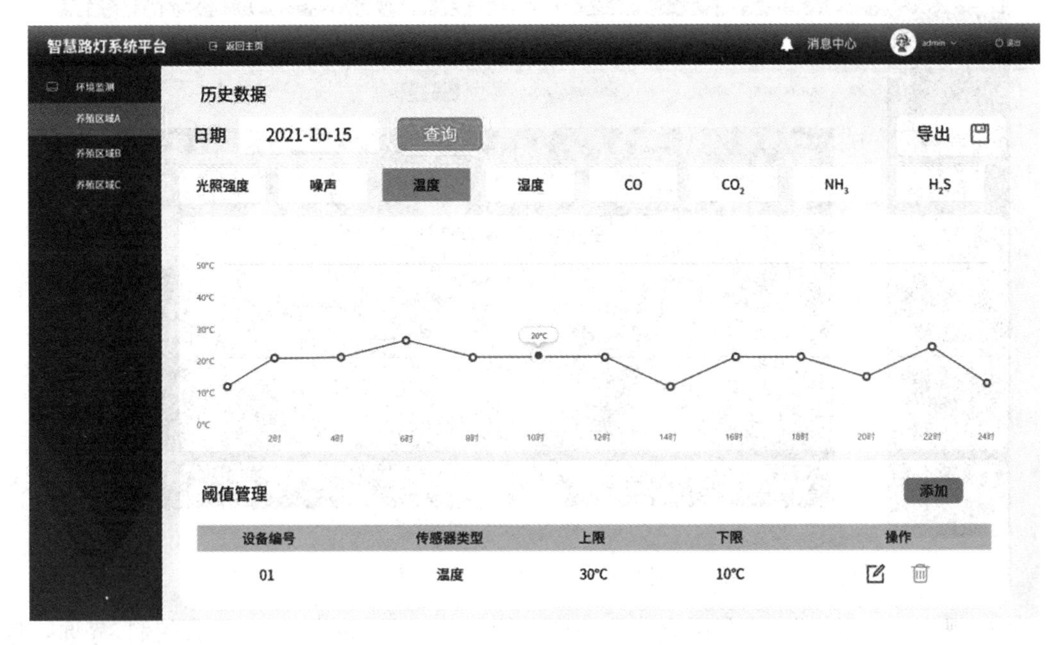

图 9－23　“历史数据”和“阈值管理”界面

“视频监控”界面如图 9－24 所示。选择养殖区域后，点击“实时监控”，界面上显示该区域的摄像头监控画面，用户可以了解畜禽活动情况、养殖环境状况或设备运行状态，画面可以全屏显示。点击“监控回放”可以进入“监控回放”界面，如图 9－25 所示，选择设备和时间后即可查询该设备在某一时间段的监控视频，也可以将视频下载保存。

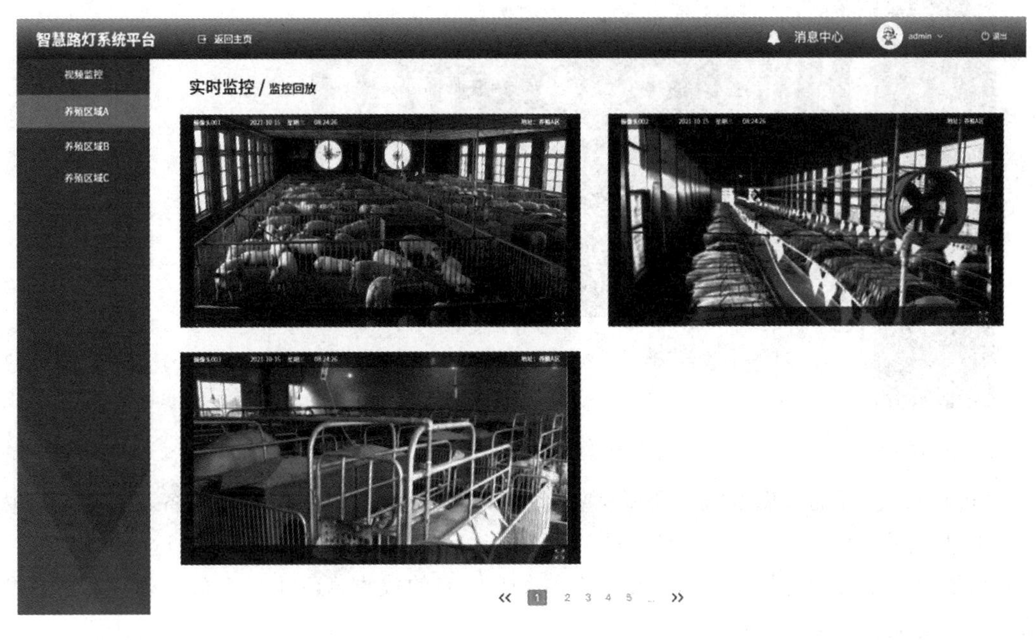

图 9－24　“视频监控”界面

图 9-25 “监控回放”界面

在“视频监控”界面点击任意设备的监控画面，可以进入该设备的“云台控制”界面，调整摄像头的摄像角度，还可以选择其他设备进行调整。“云台控制”界面如图 9-26 所示。

图 9-26 “云台控制”界面

“远程抄表”界面如图 9-27 所示。“设备”和“选择时间”用于查看该设备某一时间段内的耗电量、在线率、故障率和电费计量。系统自动远程采集电能消耗、设备运行等信息，并将所采集的数据进行存储、处理，可以节省人工抄表的成本，还能为畜禽养殖过程中的能源利用规划提供依据。

图 9－27　“远程抄表”界面

“异常报警”界面如图 9－28 所示。可以查看“最近一周”“最近一个月”或“最近三个月”的异常报警信息，系统会自动统计所选时间周期内“待处理”和“已处理”的异常情况。选择“设备”可以查询与该设备相关的报警信息。报警信息中包含“设备编号”“设备类型”“报警原因”“处理状态”和“报警时间”。系统会根据所接收的数据判断异常是否处理，实时自动更新异常处理状态。

图 9－28　“异常报警”界面

“信息发布”界面如图 9－29 所示。部分数据信息可以在智慧路灯灯杆上搭载的 LED

显示屏上显示，在智慧路灯系统平台上可以查看“在播清单”和“未播清单”，查看清单内包含的文件数量和LED显示屏的状态。

图9-29 “信息发布”界面

在“信息发布”界面点击“新建”可以进入“新建清单”界面，如图9-30所示。输入清单名称，选择发布文件和LED显示屏，调节屏幕亮度并保存所有设定，所选择的信息即可在LED显示屏上显示。在“已选择文件”区域可以调整文件的播放顺序或删除所选文件。

图9-30 “新建清单”界面

第 10 章　基于物联网的畜禽产品溯源

10.1　畜禽产品溯源体系的形成与发展

畜禽产品溯源体系在 20 世纪 70 年代开始出现，由于当时欧洲爆发了疯牛病，该体系被建设用来追溯牛肉产品的质量安全信息。2000 年，欧盟打造了畜禽农产品溯源系统，系统建成后的第二年，欧盟出台《食品安全法》对食品行业企业严格实施追溯制度做出明确规定，要求明确食品供应链上有关人员的责任，确保从生产源头到消费终端的各个环节均可追溯。2004 年，欧盟通过贸易管制、建立专家系统等方式强化农产品追溯管理，并将“全球统一编码系统”纳入使用。在后续的发展过程中，欧盟逐步建立了统一的数据库，详细记录畜禽产品溯源信息。

具体到国家层面，英国在 1996 年构建了用来存储畜禽整个生命周期数据的畜禽跟踪系统(CTS)，丹麦、法国、荷兰也随后开始建立畜禽溯源体系。2001 年，全国适用的畜禽认证系统(NLIS)在澳大利亚建立，用于追踪牛整个生命周期的信息，同时还实施澳大利亚肉类标准(MSA)强化对肉类产品的监督管理。日本从 2001 年开始推动建设食品溯源体系，在大部分超市配置了食品溯源终端。加拿大从 2002 年开始对活牛、牛肉制品进行强制性标识，同时建立了全国统一的畜禽产品追溯体系标准。美国在 2002 年建立了覆盖畜禽产品生产、加工、包装、运输、销售的畜禽溯源体系，畜禽养殖场普遍使用电子耳标记录畜禽个体信息；2004 年开始实施《食品安全跟踪条例》，要求食品流通相关企业完整记录保存食品流通环节的所有信息。

我国的食品溯源体系建设始于 2002 年。2004 年农业农村部率先在北京、河北开展溯源系统试点项目，但溯源产品仅限于蔬菜。2007 年启动的中国条码工程标志着农产品溯源体系建设取得了较大进展。2017 年，国家农产品质量安全追溯管理信息平台投入应用，为农产品追溯和质量安全监管提供信息化服务。目前，各级地方政府也在加快开发建设溯源系统，推动农产品可追溯的大范围落实。

总的来说，欧盟各国、澳大利亚、日本、加拿大、美国等国家都已建成了相对完善的畜禽产品追溯体系，对畜禽产品生产经营实行规范化管理，包括畜禽养殖、饲料管理、疾病防治、污染物处理、添加剂使用等众多内容，各环节都有对应的责任人，当畜禽产品出现质量安全问题时，可以快速追溯到问题源头并追究主体责任。我国的畜禽产品追溯体系建设正处于初期阶段，初步实现了畜禽养殖监管、畜禽个体标识和部分环节的畜禽产品质量安全追溯，但是畜禽屠宰、畜禽产品运输等环节的信息记录较少，仍需要产业链上各有关主体加强合作，推动建设覆盖整条产业链的畜禽产品追溯体系；另外，由于没有制定统一的畜禽产品质量安全标准，因此无法实现不同溯源系统间的跨系统查询，有待于深入研究和实践。

10.2 建设畜禽产品溯源系统的重要性

近年来，畜禽产品质量安全情况有了较为明显的改善，但仍存在一些亟须解决的问题。首先，我国畜禽养殖及畜禽产品市场易受疫情影响，疫情防控不力尤其会对畜禽产品质量安全产生不良影响，一些人畜共患病还可能以畜禽产品为传播媒介传染到人类身上，同时不可否认的是，市场上仍有贩卖病死畜禽及其产品的现象存在。其次，在畜禽养殖过程中，瘦肉精等禁用药没有得到绝对禁止，导致畜禽产品质量不达标。另外，我国虽然已经根据市场情况制定了相关法律法规，但还存在一些漏洞。与此同时，由于管理机制不够完善，相关管理部门的职责不够明确，容易产生管理不协调甚至管理缺失等情况。这些问题带来的直接影响是畜禽产品质量不合格，除了造成经济损失，更严重的还会危害人体健康，导致大范围的食品安全事故，给畜禽产品生产发展造成负面影响。

建设畜禽产品溯源系统，可以有效解决上述问题。以我国生猪养殖及其相关产业为例，生猪养殖业在我国整个畜禽领域所占比重高于1/2，猪肉及其加工产品消费占到了市场肉类产品消费的60%以上。但是自2018年非洲猪瘟传入我国以来，生猪养殖及其相关行业屡受重创，大批染病生猪被无害化处理，导致国内生猪存栏量急剧减少。凭借极强的传染性和极高的死亡率，非洲猪瘟成为严重威胁我国养猪业正常发展的重大传染病。

我国的生猪养殖及其市场运营过程中生猪调运频繁。在猪瘟流行期间，通常采取措施禁止大范围的生猪调运，防止疫情扩散，同时对所有猪只及其产品进行严格检疫，并记录检疫数据。构建生猪运输追溯体系，按照生猪养殖场、屠宰场、生产批次等进行抽样检测，将所有信息统一上传至追溯平台，有利于开展符合生物安全措施的生猪调运监管，防止因防疫措施不到位及染病猪只运输造成的疫情远距离扩散。

生猪养殖行业风险高，一旦病猪输入而没有被及时查出，极有可能导致同一养殖区域内的生猪遭受病原体侵害，让养殖户承受惨重的损失。建立溯源系统对相关信息进行统一存储管理，当疫情出现时，通过追溯系统即可快速找出疫情被发现之前的全部信息，包括生猪在各个环节的出场及消毒记录、所使用的饲料和水的质量检测记录、销售记录、病猪与死猪无害化处理记录、相关生产区域的疫情数据等，从这些角度出发查找疫病来源并进行严格控制。

除了染病猪肉产品危害市场正常运行和消费者健康，注水肉、含有瘦肉精的肉品、兽药残留超标的畜禽产品等流向市场同样会引起消费者的恐慌。生猪产业链包含生猪养殖、运输、屠宰加工、销售等环节，产业链长但是其中的信息共享机制并不健全，各环节之间的信息不对称但利益关系复杂，更容易滋生不法生产经营行为，可以说，猪肉质量安全隐患可能存在于产业链上的任何一个环节。在产业链上相邻的两个环节中，后一环节需要确认前一环节的产品质量情况，再开始本环节的生产经营活动，溯源信息系统可以自动整合信息，方便进行信息查找及核对。

总的来说，不管是为了加强畜禽产品质量安全监管力度，还是为了维护企业形象，抑或是保障消费者合法权益，建立畜禽产品溯源系统都具有极其重要的现实意义，具体如下：

(1) 监管部门。政府等监管部门负责监督管理畜禽产品生产经营活动，但是我国畜禽养殖企业众多，规模差异大，尚未形成统一的生产经营模式，且畜禽产品销售点分布广泛，整体监管难度大。畜禽溯源系统作为一个开放的产品质量信息提供平台，可以有效降低监管难度，各监管部门通过这一平台可以随时进行畜禽产品质量抽查；系统内大部分信息的采集由自动采集系统完成，而且可以生成数据报表，减少数据处理过程中的人力消耗；根据追溯码可以查到所有关联该批次产品的畜禽，追溯问题产生的源头并检查每个节点，精准追溯，准确判断出影响范围及其严重程度。

（2）企业。建立畜禽产品追溯系统，增加了违法违规所需承担的风险和成本，可预防不法行为发生，也能辅助实施惩治措施，这将促使相关生产经营主体严加规范质量安全保障行为。事实上，这在一定程度上也会影响企业形象，建立畜禽追溯体系供消费者认证产品质量，体现了企业对自身产品质量的信心和保障消费者权益的决心。一旦产品安全事故发生，信息化管理体系将为企业及时召回问题产品、防止危害扩大提供了有利条件，便于开展有针对性的内部整治，规范自身产业与产品市场，提升控制畜禽产品品质和处理不合格产品的能力。

统一标识畜禽个体身份，不仅方便了养殖人员进行精准饲养，还提高了畜禽饲养效率，并且可以统筹畜禽养殖生产流转和疫病防治等信息，以科学管理手段促进企业生产提质增效。与传统的人工信息登记相比，畜禽溯源系统所采用的 RFID 电子耳标不仅提高了标识和登记畜禽身份的效率，而且还避免了人为登记出错或信息造假等弊端。此外，档案化追溯管理畜禽生长信息，方便对畜禽产品按照品质进行分级，可作为产品定价和议价的依据，在此基础上打造出具有高附加值的肉类品牌，推动了畜禽养殖产业持续健康发展。如今越来越多的法律法规对建立畜禽产品可追溯体系提出了要求，畜禽产品可追溯成为了一种市场准入标准，建立产品可追溯体系也有利于提升产品竞争力，进一步扩大市场份额。

（3）消费者。产品信息不公开或者信息查询渠道不畅通都会增加消费者对产品的疑虑，借助溯源系统，消费者对所购买畜禽产品的了解将不再局限于产地、厂商、生产日期、保质期等简单信息，还可以知道畜禽幼体是否健康、投饲产品是否合格、兽药使用是否规范、屠宰过程是否合规、检疫措施是否齐全等，可以说生产、加工、运输、检疫等产业链上的所有环节，其信息都是公开透明的，从而保障了消费者掌握畜禽产品真实信息和自主选择优质畜禽产品的权利。

10.3　畜禽产品溯源系统面临的问题及其建设方向

建设畜禽产品溯源系统是保障畜禽产品质量安全的重要方法，但系统本身还存在一些问题，主要包括：

（1）溯源信息的真实性存疑。要实现真正意义上的畜禽产品质量安全溯源，首先需要确保畜禽溯源信息是真实的，这要求畜禽产品供应链上的每一个环节都能如实记录、上传信息。然而目前溯源信息并没有受到有效监管，是否上传真实信息仅凭借从业人员的个人意志约束，不可避免会有信息造假的现象产生。即使是使用物联网设备自动采集信息，也有可能出现数据失真的问题。

（2）畜禽溯源系统未能实现互联互通。我国目前还没能建立统一的畜禽产品溯源系统，众多独立的畜禽产品溯源系统提供各自的数据库、信息查询平台供追溯使用，但不能共享。如果商家所销售畜禽产品的信息存在于不同的溯源系统中，就需要建立多个查询平台，成本高，且溯源便利性不足。

（3）溯源信息的准确性不高。畜禽产品溯源需要经过信息采集和审查，目前我国的畜禽业生产经营规模相对较小，物联网应用少，数据采集、上传多由人工操作完成，难以保证上传至溯源系统的溯源信息的准确性。

基于上述问题，应着重从以下几个方向开展畜禽产品溯源系统建设：

（1）完善畜禽产品溯源信息。统计生产资料投入、养殖、用药、屠宰、加工、运输、销售等环节的详细信息，尤其是要提高养殖、用药信息的完整性和精确性，确保出现畜禽产品安全事故时能够精准追溯到问题产生的环节，有效问责，提高溯源效率。

（2）促进畜禽产品溯源系统之间的信息共享。制定统一的畜禽产品质量安全标准和畜禽产品溯源系统建设标准，开发畜禽溯源系统数据共享程序，扩大畜禽溯源信息和溯源平台的适用范围。

（3）提升从业人员的技术水平。培养畜禽兽医行业的专业人才，严格把控畜禽养殖、检疫、防疫等环节，降低畜禽产品质量安全风险；加强对从业人员的现代化信息技术培训，使其具备通过物联网等方式管理畜禽生产及畜禽产品溯源的能力。

（4）从法律层面保障溯源制度的实施。结合我国畜禽生产实际情况，以法律形式对畜禽产品溯源参与主体、溯源系统建设规范、溯源信息录入要求等做出明确规定，推动畜禽产品溯源制度的实施。

（5）给予畜禽溯源系统建设企业资金和政策支持。除了设立专项资金鼓励企业建设畜禽产品溯源系统外，政府组织开展优秀溯源技术案例推介活动，通过政策引导畜禽产品溯源系统投入实际应用。

10.4 畜禽物联网面向畜禽肉品追溯系统的总体要求

1. 目标

（1）能证明产品来历，确定畜禽肉品在供应链中的位置。

（2）便于验证养殖、屠宰、加工、流通过程的质量和安全信息，便于质量和安全管理。

（3）能识别畜禽肉品质量，并及时召回问题产品。

（4）能实现畜禽肉品质量和安全目标，满足顾客要求。

（5）能提高企业运行效率、生产能力和盈利能力。

2. 设计原则

（1）可追溯性。对活体、半成品、成品等全部产品进行清楚标识，保证物流和信息流同步，使畜禽肉品信息可追溯。

（2）可查询。可为企业、监管部门、第三方检测机构、消费者等追溯相关方提供信息查询功能。

（3）完整性。应具备追溯信息采集、记录、汇总、分析、展现等可以实现畜禽肉品可追溯的全部功能。

（4）开放性。应具有基于XML等的数据接口，能够将数据上传至监管部门。

（5）可配置性。可灵活定义畜禽肉品生产关键工序或关键控制点，根据使用对象及不同用户的需求，自定义用户类型与访问权限。

3. 功能要求

1）出入库管理

对畜禽和肉品的出入库过程进行引导、控制和监管，在出入屠宰场环节识别畜禽和肉品信息，功能模块主要包括身份自动识别、出入库时间记录、结算管理等。

2）检疫信息管理

记录畜禽和肉品的基本信息，从来源、检疫等各个方面对畜禽和肉品进行精细化监控管理。

3）智能屠宰车间管理

通过一体化设计，提高屠宰间、冷冻间的智能化水平，实现智能感知、智能分析功能。通过集成监测传感器等多种畜禽物联网设备，可随时了解各个环节的畜禽肉品情况、气体浓度信息，并据此对各种车间的保管作业进行智能控制，从而高效、节能、安全、绿色地进行屠宰、冷藏等关键作业。

4）报警信息管理

通过与智能监控系统集成，实时检测肉品变化情况，并对检测数据进行分析和预测，当出现温度异常时及时发出预警信号。系统可针对不同级别警情设定预案，以提高对异常情况的解决效率。

5）畜禽及肉品溯源信息管理

以消费者、企业和政府监管部门为服务对象，追踪畜禽养殖、屠宰、加工、运输、销售等各个环节的信息，覆盖畜禽及肉品出现的全部场所，实现信息共享，从而建立起畜禽肉品追溯系统。

6）数据分析和管理

业务管理系统内置了畜禽和肉品信息总览、经营统计报表、出入库统计报表等多种统计报表，可以按照固定周期或者实时生成各种报表，也可以查询历史报表数据，直观展示相应统计信息，便于相关人员对畜禽、肉品进行管理。

7）权限管理

政府部门通过平台可以查看各个场地的情况，也可以选定某个场地查看实时视频信息；管理人员可以对各个生产环节进行把控，以及查看畜禽和肉品出入库信息和关键数据报表。

8）数据交换共享

实现出入库信息、视频监控、肉品情况记录、移动巡检等主要信息综合展示，方便相关人员随时随地了解实时动态。移动应用程序主要业务功能包括综合展示、出入库管理、经营管理等。

9）信息记录

（1）养殖环节通过在养殖场安装传感器节点，获取温度、湿度、光照、NH_3、H_2S、CO_2等数据，达到实时掌握环境信息的目的。根据畜禽生长需求，实现对环境调节设备的自动控制。

（2）屠宰环节根据射频读写器读取的畜禽来源信息，判断畜禽是否满足屠宰条件；在屠宰过程中，用射频读写器将畜禽及畜舍编号等标识信息写入标签内，并获取屠宰关键步骤的信息。

（3）冷链运输环节主要监控肉品的远距离运送过程，通过在冷藏车上安装传感器实现对肉品冷藏环境的监测。GPS、4G、蓝牙等技术也在这一过程中发挥了重要作用。

（4）消费环节主要是认证肉品质量安全信息。公共信息平台网站、终端查询机、手机短信都是消费者获取条码标签内置信息的有效途径。

10）安装和维护

保证数据获取的高效和准确；结合多种通信方法，确保数据的实时、准确传输，实现对人和物的实时定位；支持仓储、配送、营销渠道等营销环节可监控，全面实现自动化，达到高产、高效的目的；减少布线，节约成本，使设备安装使用简便且易于后期维护；充分利用企业现有资源，提高资源利用率。

11）系统安全

追溯系统的开发、运行应满足信息数据、网络传输及相关应用的安全要求，功能要求如下：

（1）应对系统中心机房等特殊区域采取有效的技术防范措施，确保环境、设备的物理安全。

（2）利用技术防范措施保障系统安全运行，具备病毒检测及消除、数据备份和恢复、电磁兼容等功能，能够在短期内使系统重新运行。

（3）设置系统访问、数据管理权限，确保追溯数据的保密性、完整性。

10.5 畜禽产品溯源流程及应用

10.5.1 畜禽产品溯源流程

畜禽产品溯源系统存储养殖、运输、屠宰、冷链运输、加工等环节的信息，并与公众查询平台和政府部门产品质量安全监管平台对接，消费者即可通过平台认证产品质量，监管部门也可以监管畜禽产品质量。畜禽产品溯源流程如图 10-1 所示。

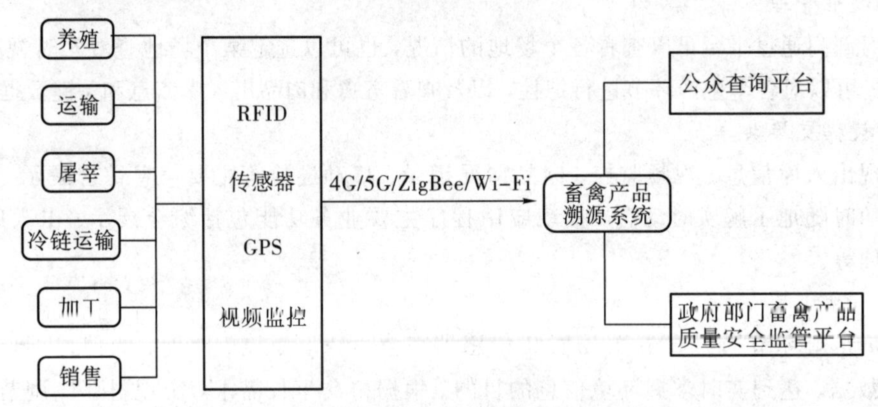

图 10-1 畜禽产品溯源流程

在整个畜禽产品溯源流程中，畜禽产品生产信息溯源涉及以下几个环节。

1. 畜禽养殖追溯

畜禽养殖追溯主要记录与畜种来源、饲料及疫苗等供应商、养殖环境、饲料投喂及用药情况、检疫、工作人员的现场工作等相关的信息并存储到溯源系统数据库中，留作畜禽产品质量管理的有力依据。其中包括在畜禽进入养殖场时，利用 RFID 技术记录畜禽身份信息，形成个体识别编号，并将这些数据上传至数据库；在养殖环节将所有与养殖场环境相关的数据存储到数据库中，与畜禽信息相关联；通过现场的监控设备采集养殖、检疫相关人员的工作视频，畜禽活动视频等，作为养殖过程追溯的图像资料。

2. 畜禽运输追溯

对承运人员和车辆进行信息备案；给畜禽运输车辆安装定位系统；建立畜禽运输台账，记录畜禽检疫、畜禽数量、运输时间和路线、车辆清洗消毒、异常畜禽处置等信息，将全部信息上传至溯源系统。

3. 畜禽屠宰追溯

屠宰过程追溯主要记录畜禽屠宰、检疫相关的真实数据。活体畜禽进入屠宰场后，利用 RFID 读写器读取畜禽 RFID 耳标上的信息，判断其是否符合屠宰要求，并统计畜禽数量、重量信息；在屠宰过程中，将畜禽身份识别编号、屠宰场编号等写入屠体标签，将畜禽数量转化为屠体数量；利用摄像头监控畜禽屠宰、检疫、称重等重要工序，确保信息的真实性，并将所有信息上传至数据库。

下面以生猪屠宰为例，介绍畜禽屠宰过程的追溯信息生成流程，如图 10－2 所示。

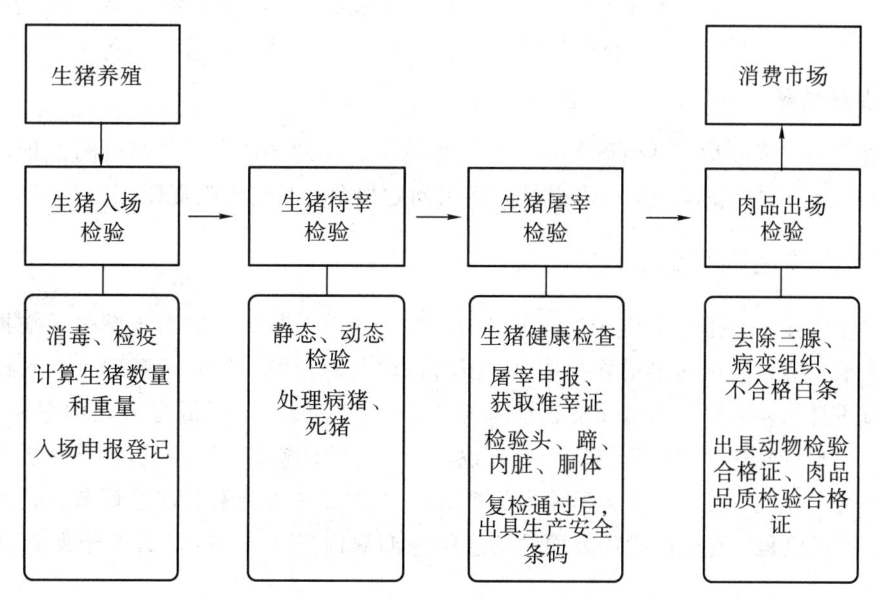

图 10－2　生猪屠宰追溯信息生成流程

(1) 生猪入场检验。在生猪进场前实行严格的检疫、消毒措施，记录检疫人员、消毒人员信息，上传至溯源系统数据库。记录生猪进场日期、供应商、运输车辆消毒证明、车牌号、来源地、运货人、联系电话、检疫合格证等信息，关联相应批次生猪信息，进行入场申报登记，登记信息并录入溯源系统数据库。

(2) 生猪待宰检验。在生猪留养待宰期间，不同来源地的生猪分区圈养，并对所有生猪进行检验，获取数据信息，并及时处理状态异常的生猪。

(3) 生猪屠宰检验。在屠宰前进行健康排查，就合格生猪进行屠宰申报，取得准宰证后开始生猪屠宰。在屠宰过程中，记录生猪屠宰流水线上各环节信息、管理人员和操作人员信息，并采用监控设备获取胴体分割、红白分离等关键环节的图片、视频记录。猪体分割完成后，对头、蹄、内脏、胴体等进行检验，确保所有部分均无猪瘟、炭疽病、猪丹毒、结核、旋毛虫等，再由官方兽医进行复检，检验合格则出具生产安全条码。

(4) 肉品出场检验。猪肉产品离开屠宰场流向市场前，要确保三腺、病变组织、不合格白条等均已去除，开具动物检验合格证、肉品品质检验合格证。汇总生猪耳标信息和具体屠宰环节及分割部位的信息，制成二维码信息标签，粘贴在产品包装上，送往消费市场。

4. 肉品运输追溯

肉品运输追溯涉及的技术包括传感器、蓝牙、GPS、4G 等，用于监测信息并实时上传至数据库。在肉品运输车上安装传感器装置，用于监测车厢内的温度、湿度、气体浓度等；利用 GPS 实时定位运输车辆位置和移动轨迹；同时使用摄像头全程监控运输车量，避免发生肉品替换事件。

5. 肉品仓储追溯

在肉品入库、出库时进行质量检测，合格产品扫码登记后进入正常仓储环节，限制不合格产品入库储存，保证入库产品的质量。在仓储过程中，实时监测仓储环境，防止产品变质。产品扫码出库时，记录仓库位置、出库时间、操作人员、运输车辆等信息。

6. 肉品销售追溯

消费者购买肉品后，可扫描集成上述全部环节信息的溯源码，获取追溯信息，认证肉品质量。一旦发现质量问题，就可以及时找出问题根源，追究相应责任。

10.5.2 畜禽运输溯源 APP

畜禽运输是畜禽业产业链中的重要环节，安全高效的畜禽运输对于减少运输损耗、预防疫情传播、防止环境污染的作用明显。畜禽运输业的转型升级对于畜禽业上下游产业的发展具有重要影响，规范的畜禽运输能够减少畜禽应激反应，降低畜禽死亡率和伤残率，避免养殖户遭受损失；而对于屠宰企业来说，畜禽运输能够保障屠宰场的畜禽供应，确保屠宰业务正常进行。另外，畜禽运输也是畜禽产品质量安全追溯的核心环节，记录畜禽运输车辆、运输流程、清洗消毒等方面的信息作为溯源信息的一部分，有助于保障畜禽产品质量安全。

畜禽运输溯源 APP 主要用于记录畜禽运输环节的信息，养猪户使用该 APP 可以对畜禽运输车辆进行有序调度和高效监管，掌握车辆实时定位、运输轨迹等信息，核查是否存在违规操作行为，确保畜禽安全。畜禽运输溯源 APP 首页如图 10-3 所示。

图 10－3　畜禽运输溯源 APP 首页

“车辆备案”模块可用于对畜禽运输车辆的信息进行记录，其中包含“备案地点”“车牌号”“承运人姓名”“身份证号”“电话”“核载”“总质量”“车辆照片”“道路运输经营许可证”等信息，确保所有畜禽运输车辆的这些信息都被记录在 APP 内。“车辆备案”界面如图 10－4 所示。

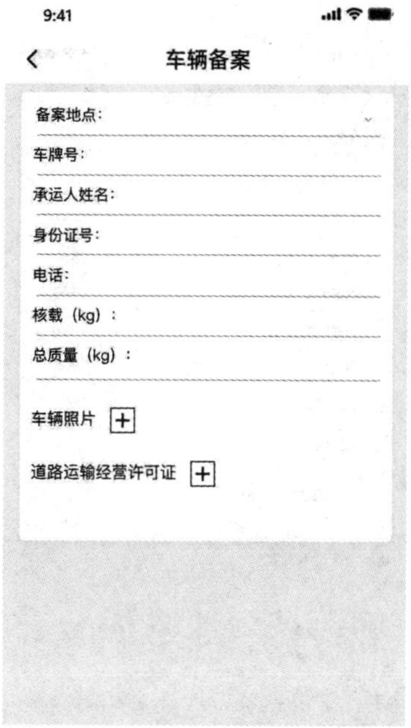

9:41
车辆备案
备案地点：
车牌号：
承运人姓名：
身份证号：
电话：
核载（kg）：
总质量（kg）：
车辆照片
道路运输经营许可证

图 10－4　“车辆备案”界面

在“运输任务”模块，运输订单按“待出发”“运输中”“已完成”进行分类，可以查看包括运输状态、订单号、承运人、运输地点、出发时间、预计到达时间、畜禽种类、畜禽数量等信息。点击相应按钮还可以进入“任务信息”和“运输轨迹”页面。“运输任务”界面如图 10－5 所示。

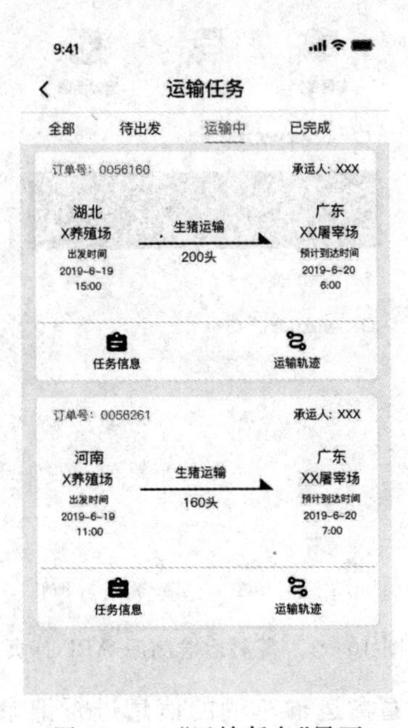

图 10－5 “运输任务”界面

“任务信息”包含基本信息和运输进度，其中“基本信息”界面如图 10－6 所示，显示了“检疫合格证”“承运人”“电话”“运输畜禽种类”“运载数量”“用途”“启运地点”“到达地点”“车况照片”等信息。

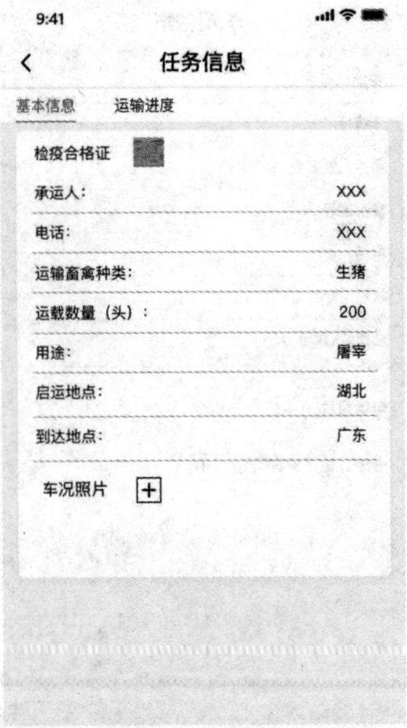

图 10－6 “基本信息”界面

建立运输台账是畜禽运输管理的一种常用方式，运输台账中详细记录了与检疫、运输订单、清洗消毒、异常畜禽处置相关的信息。运输台账中的“检疫信息”界面、“订单信息”界面、“洗消信息”界面分别如图10－7、图10－8、图10－9所示。

图10－7　“检疫信息”界面

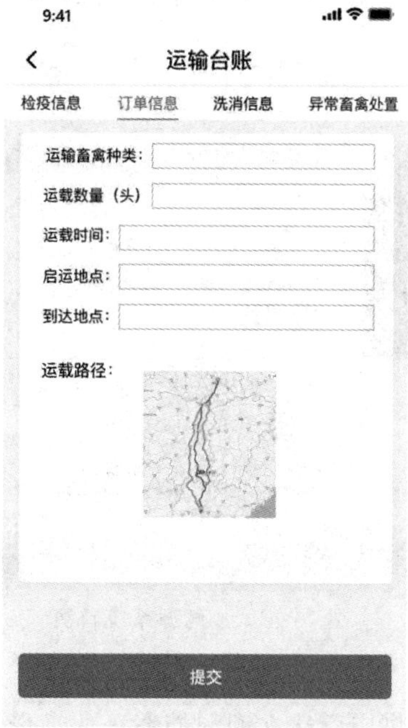

图10－8　“订单信息”界面

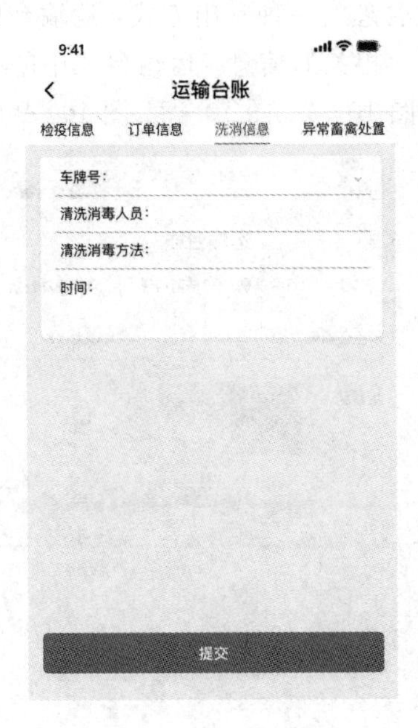

图 10-9 “洗消信息”界面

10.5.3 畜禽屠宰溯源系统

结合畜禽屠宰企业的实际情况建设畜禽屠宰溯源系统，追溯与畜禽屠宰环节相关的信息，其中包含供应商档案、畜禽疾病检疫结果、屠宰前实时状态信息、屠宰后的运输流向等内容。运用肉品溯源码对来自屠宰场的肉品进行标识管理，建立溯源档案，为企业、消费者、食品安全监管人员提供溯源服务。畜禽屠宰溯源系统首页展示了系统功能模块，如图 10-10 所示。

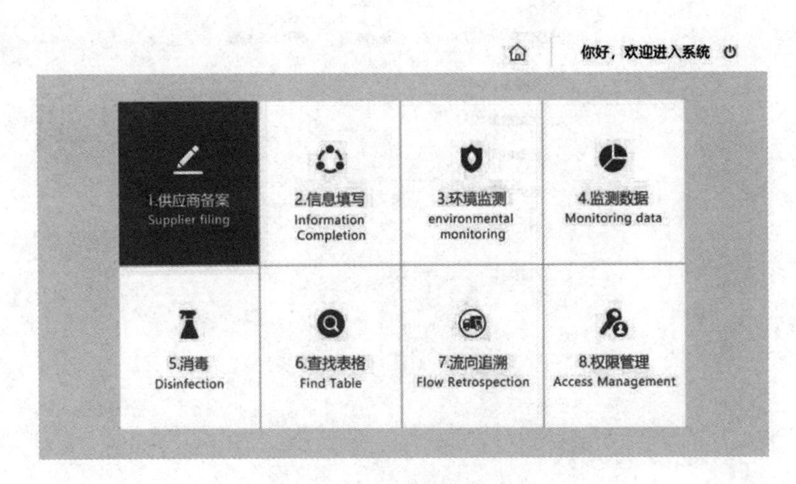

图 10-10 溯源系统首页

各模块功能如下：

(1) 供应商备案。为畜禽供应商建立溯源档案——身份档案，记载公司或个人供应商的名称、情况介绍、联系电话、地址等信息。以当天日期作为溯源开端，以供应商为基础关联相关车辆，根据车牌号、来源地、畜禽检疫合格证、运货人、联系电话等关联并同步相应畜禽批次信息，实现对畜禽来源地的追溯。

（2）信息填写。系统设置信息输入栏，供填写畜禽入场、检疫、屠宰、实验室检测、肉品出场等方面的信息；设置扫描和拍照端口，对相关文件进行留底，通过填写一次数据即可实现畜禽信息的关联和同步，从而简化信息登记工作；对患病、经急宰或无害化处理的畜禽，设置单独的信息录入端口，“监测数据”模块呈现异常畜禽数量，与供应商关联；设置肉品信息表生成、打印功能，方便溯源查看和信息共享。图 10－11 为“生猪入场登记”界面。

图 10－11　“生猪入场登记”界面

（3）环境监测。以屠宰环境为例，屠宰场畜禽数量多，CO_2、氨气等气体排放量大，易产生环境问题，因此配备一套能够采集温度、湿度、CO_2、氨气数据的空气监测仪，实时监测屠宰场环境，并通过无线网络将数据传输到后台进行整理、统计，作为屠宰环节追溯数据。管理人员通过本系统可以查看各项环境监测数据、报警日志，也可以设定报警阈值。“环境监测”界面如图 10－12 所示。

图 10－12　“环境监测”界面

（4）监测数据。可以查看入场和待宰问题畜禽数据及环境监测数据，数据以曲线图的形式呈现。问题畜禽数据、环境监测数据分别如图 10－13、图 10－14 所示。问题畜禽包含病、死、急宰畜禽，可以按年或按月选择数据，将某一个指示标签点击变成灰色，即可隐藏该类问题畜禽的数据。查看环境监测数据时选择查看日期，并选择监测设备、监测指标，即可看到温度、湿度、氨气、CO_2 的具体数值及其变化趋势。

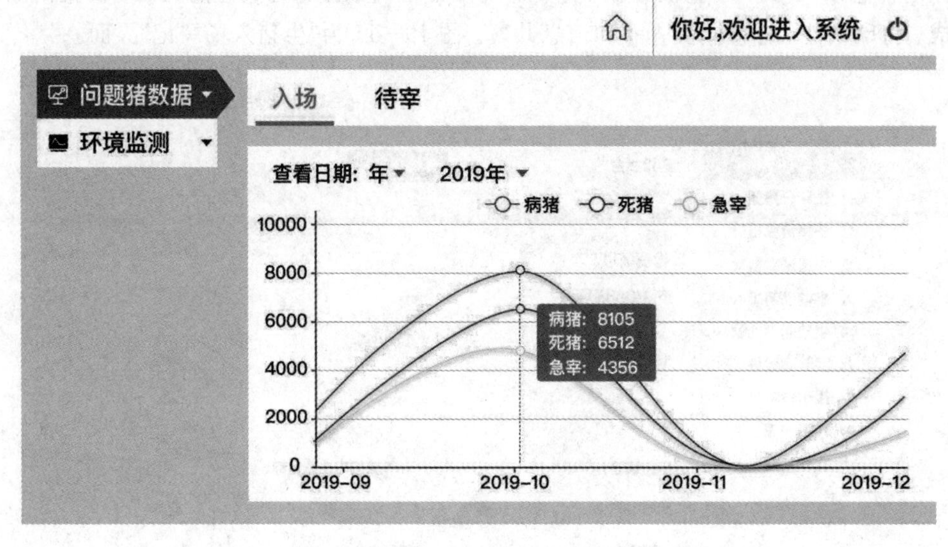

图 10－13　问题畜禽数据

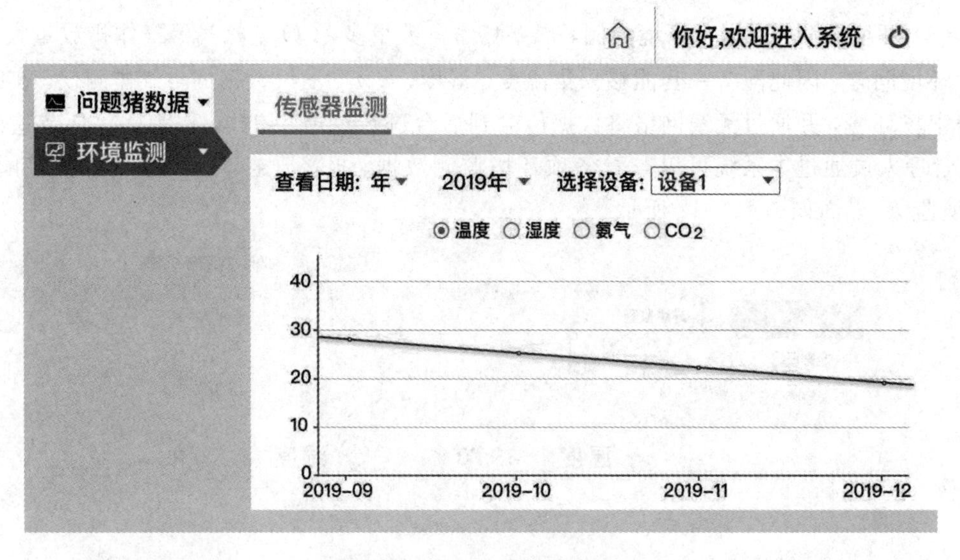

图 10－14　环境监测数据

（5）消毒。登录系统可以填写畜禽运输车辆进场消毒信息，包括消毒日期、消毒药品及使用浓度、消毒方式、消毒车辆。“进场消毒”登记界面如图 10－15 所示。在“消毒台账”中可以记录消毒时间、消毒区域、药物名称及剂量、用水量、消毒药物浓度、消毒方式、消毒人等信息；“消毒药品”信息包含消毒时间、品名、规格单位、数量、用途、领用人等信息；“消毒配置”一栏登记消毒液配置的日期、消毒场所、消毒项目、水量、药剂量、标准浓度、检测浓度、纠偏措施、检验员信息等信息。

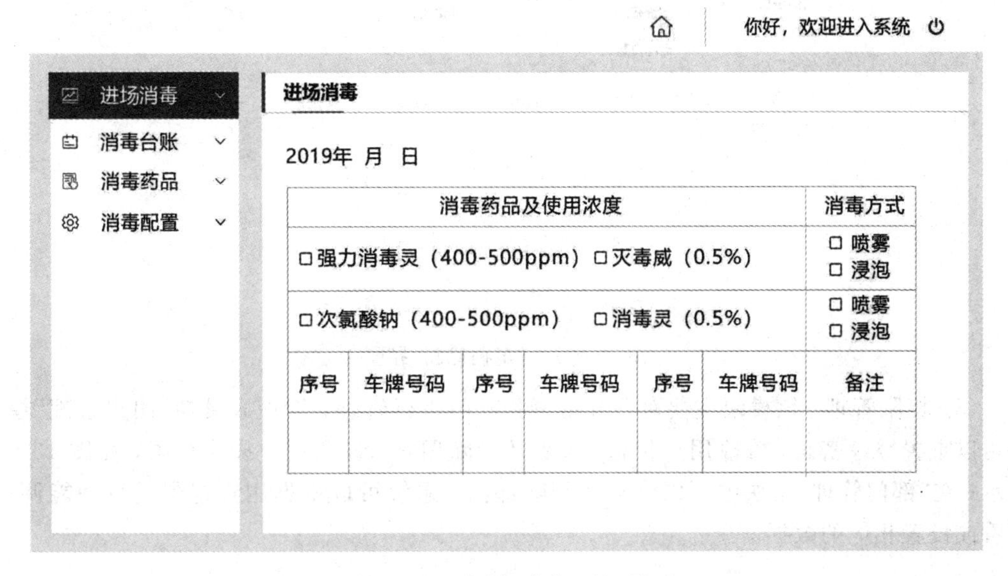

图 10－15　“进场消毒”登记界面

（6）表格查询。在如图 10－16 所示的下拉菜单中选择“供应商”“登记表”类型、“日期”，即可查询所需表格，获取相应登记信息。

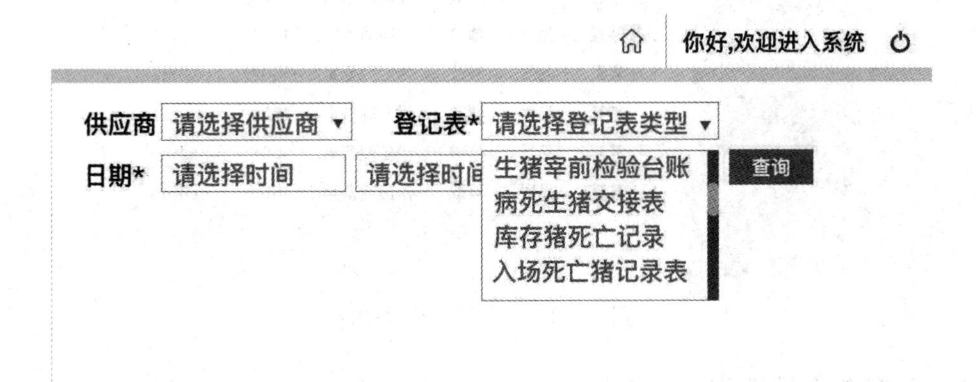

图 10－16　“表格查询”界面

（7）流向追溯。追溯信息包括运输车辆追溯信息(包含“时间”“货主”“车牌号”“来源地”和“检疫证号”)、流向汇总信息、出场信息(包含交易日期、肉品品质检验合格证、屠宰企业、货主、买主、商品名称及数量、交易凭证号、到达地等)、购货方信息等，也可以打印合格证。“车辆追溯”界面如图 10－17 所示。

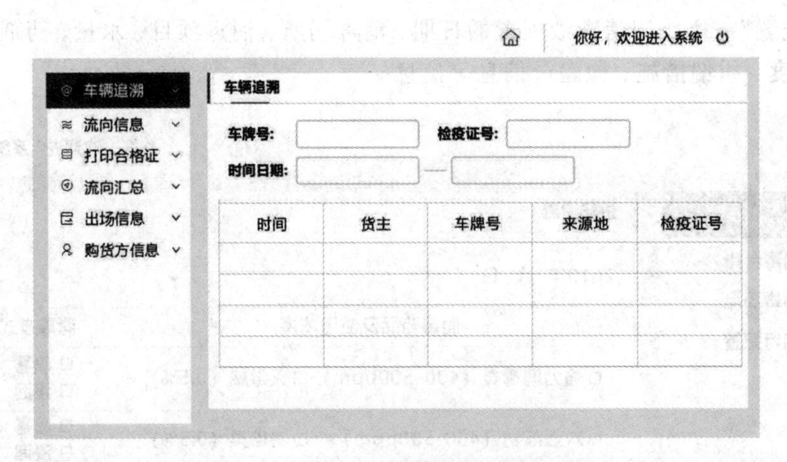

图 10－17 “车辆追溯”界面

(8) 权限管理。该模块主要对系统用户和部门进行管理，管理人员在“用户管理”模块中可以重置登录密码、修改用户状态、添加及删除用户、设置用户操作权限，如图 10－18 所示；在“部门管理”模块中可以添加或删除部门。系统可以根据用户权限进行功能调配，查看或设置相应的数据信息。

你好,欢迎进入系统

用户管理

部门管理

重置密码 删除 修改状态 添加用户

姓名	部门	权限	模块权限	手机号	操作
某某	品质..	修改	供应商备案...	150**	编辑
某某	品质..	修改	供应商备案...	150**	编辑
某某	品质..	修改	供应商备案...	150**	编辑
某某	品质..	修改	供应商备案...	150**	编辑
某某	品质..	修改	供应商备案...	150**	编辑

图 10－18 “用户管理”界面

10.5.4 畜禽产品销售溯源系统

畜禽产品销售直接面向终端消费者，此时的畜禽产品溯源信息应覆盖畜禽产品被消费前的所有环节，供应链上的责任主体记录各个生产环节的信息，供消费者追溯使用。完善的畜禽产品销售溯源系统能够实现对畜禽产品的双向追踪管理，即消费者通过溯源系统追溯畜禽产品来源，生产企业把握畜禽产品流向，除此之外也有利于第三方监管部门对畜禽产品质量安全实施监管。

畜禽产品销售溯源系统接入畜禽产品生产管理信息，生产者登录系统可以查看、管理有关信息。系统最终生成存储产品信息的二维码，消费者可以扫码获取所购买畜禽产品的信息，了解产品来源。畜禽产品销售溯源系统首页如图 10－19 所示，用户输入已分配权限的账号及密码，即可成功登录系统。

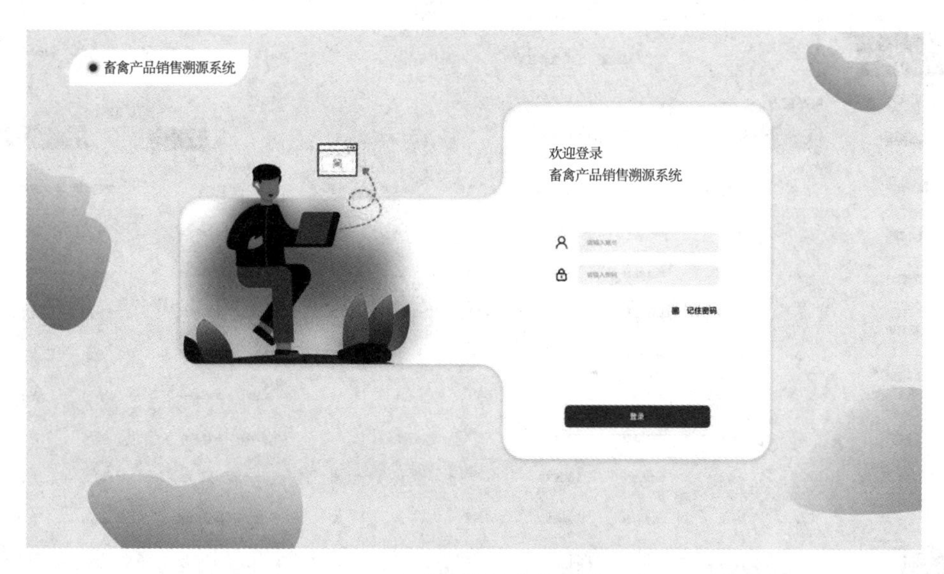

图 10-19　畜禽产品销售溯源系统首页

畜禽产品销售溯源系统共包含“生产记录”“环境监测”“视频监控”“喂料用药”“生产区域管理”“门店管理”和“销售管理”共七个功能模块，其中“生产记录”模块包含“总量管理”和“生产管理”两种功能。“总量管理”界面如图 10-20 所示，用户可以登记生产总量、剩余产量、淘汰率等信息，方便整体把握生产情况。系统自动生成最新增量时间，并记录所有数据修改操作，用户可以按年份查询相关记录。

图 10-20　“总量管理”界面

“生产管理”界面如图 10-21 所示。生产管理信息包含“状态”“生产记录 ID”“产出时间”“生产区域”“产品名称”“本次产量”和“品质”等，当畜禽产品全部出售时，状态栏显示“√”。用户点击“新增生产”可以增加其他生产管理信息，选择“时间日期”“生产区域”并输入“生产记录 ID”可以查询符合条件的生产管理信息。

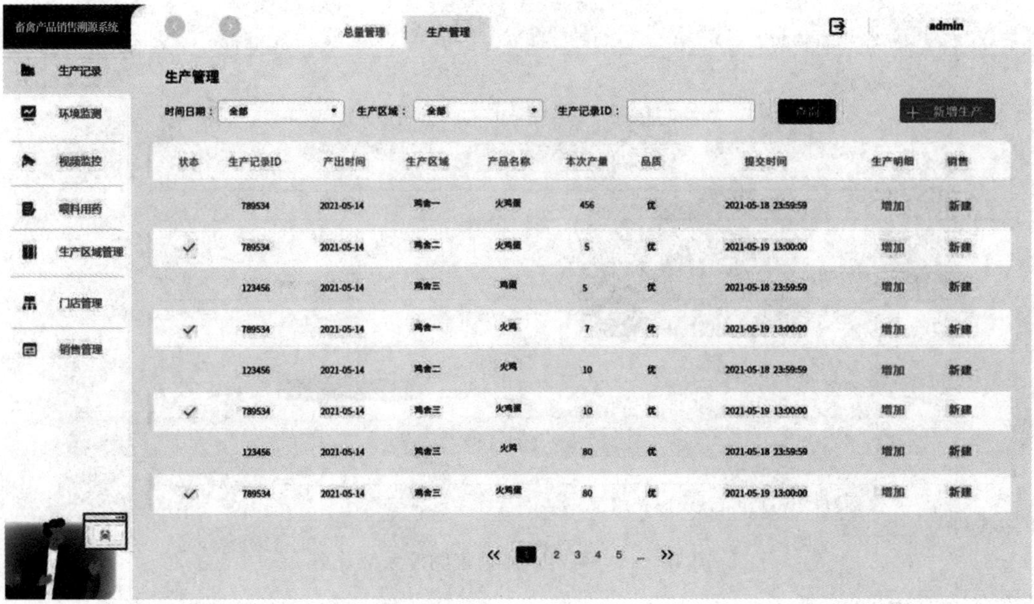

畜禽产品销售溯源系统　总量管理 | 生产管理　admin

生产记录　环境监测　视频监控　喂料用药　生产区域管理　门店管理　销售管理

生产管理

时间日期：全部　生产区域：全部　生产记录ID：　查询　+ 新增生产

状态	生产记录ID	产出时间	生产区域	产品名称	本次产量	品质	提交时间	生产明细	销售
	789534	2021-05-14	鸡舍一	火鸡蛋	456	优	2021-05-18 23:59:59	增加	新建
✓	789534	2021-05-14	鸡舍二	火鸡蛋	5	优	2021-05-19 13:00:00	增加	新建
	123456	2021-05-14	鸡舍三	鸡蛋	5	优	2021-05-18 23:59:59	增加	新建
✓	789534	2021-05-14	鸡舍一	火鸡	7	优	2021-05-19 13:00:00	增加	新建
	123456	2021-05-14	鸡舍二	火鸡	10	优	2021-05-18 23:59:59	增加	新建
✓	789534	2021-05-14	鸡舍三	火鸡蛋	10	优	2021-05-19 13:00:00	增加	新建
	123456	2021-05-14	鸡舍三	火鸡	80	优	2021-05-18 23:59:59	增加	新建
✓	789534	2021-05-14	鸡舍三	火鸡蛋	80	优	2021-05-19 13:00:00	增加	新建

« 1 2 3 4 5 ... »

图 10－21　“生产管理”界面

“环境监测”界面如图 10－22 所示，安装在生产区域的传感器可以监测光照强度、温度、噪声、湿度、CO、CO_2、NH_3、H_2S 等环境参数，方便用户全程了解畜禽的生长环境；选择“时间日期”和“选择参数”也可以查询相应时间段的历史数据。

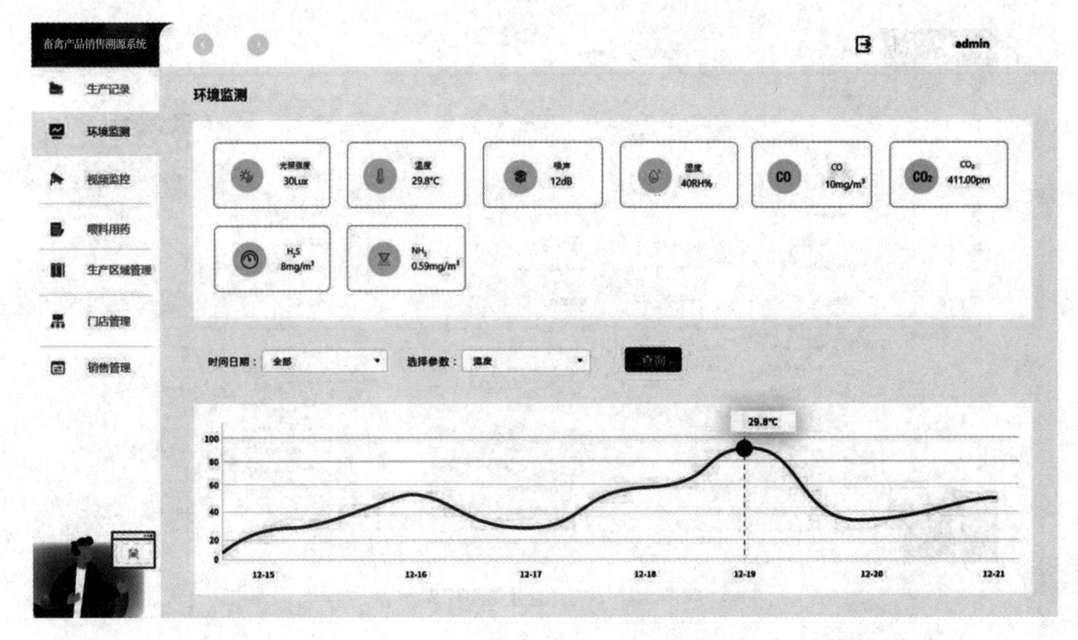

图 10－22　“环境监测”界面

“视频监控”界面如图 10－23 所示，用户可以查看生产区域的实时监控画面，选择“摄像头地址”可以选择查看相应的监控视频，点击“进入查看”即可查看视频回放。

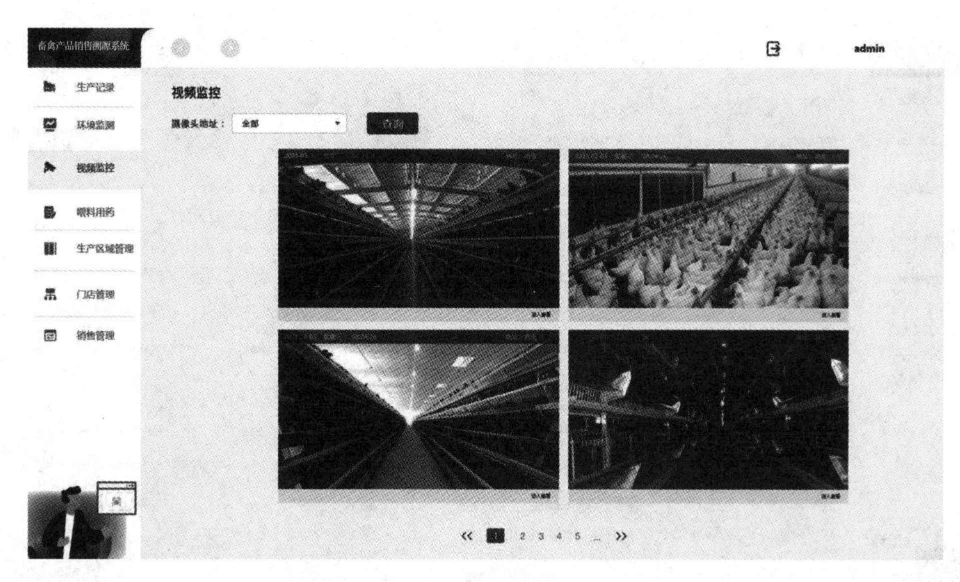

图 10－23　“视频监控”界面

“喂料用药”模块包含“喂料记录”和“用药记录”两种功能，其中“喂料记录”界面如图 10－24 所示。喂料信息包含“序号”“日期”“生产区域”“饲料品牌”“数量”“操作人”“说明”和“提交时间”，在对应“操作”栏可以删除相应信息。用户点击“新增记录”可以增加喂料记录，选择“时间日期”和“生产区域”即可查询到符合条件的喂料记录。

畜禽产品销售溯源系统　喂料记录　用药记录　admin

生产记录　环境监测　视频监控　喂料用药　生产区域管理　门店管理　销售管理

喂料记录

时间日期：全部　生产区域：全部　查询　＋ 新增记录

序号	日期	生产区域	饲料品牌	数量(千克)	操作人	说明	提交时间	操作
01	2021-05-14	鸡舍一	某某牌饲料	56.2	小熊猫	XXXXX	2021-05-14 23:59:59	
02	2021-05-14	鸡舍二	某某牌饲料	56.2	小熊猫	XXXXX	2021-05-14 23:59:59	
01	2021-05-14	鸡舍三	某某牌饲料	56.2	小熊猫	XXXXX	2021-05-14 23:59:59	
02	2021-05-14	鸡舍一	某某牌饲料	56.2	小熊猫	XXXXX	2021-05-14 23:59:59	
01	2021-05-14	鸡舍二	某某牌饲料	56.2	小熊猫	XXXXX	2021-05-14 23:59:59	
02	2021-05-14	鸡舍三	某某牌饲料	56.2	小熊猫	XXXXX	2021-05-14 23:59:59	
01	2021-05-14	鸡舍三	某某牌饲料	56.2	小熊猫	XXXXX	2021-05-14 23:59:59	
02	2021-05-14	鸡舍三	某某牌饲料	56.2	小熊猫	XXXXX	2021-05-14 23:59:59	

1 2 3 4 5 ...

图 10－24　“喂料记录”界面

“用药记录”界面如图 10－25 所示。用药信息包含“序号”“日期”“生产区域”“药品品牌”“数量”“操作人”“说明”和“提交时间”，在对应“操作”栏可以删除相应信息。用户点击“新增记录”可以增加用药记录，选择“时间日期”和“生产区域”即可查询到符合条件的用药记录。

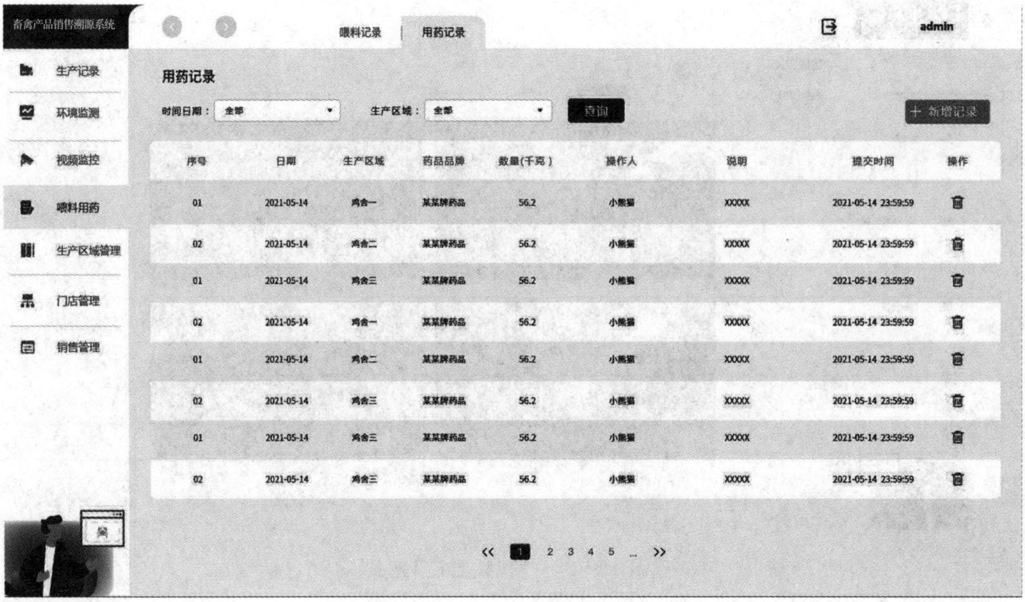

图 10－25　“用药记录”界面

“生产区域管理”界面如图 10－26 所示，其中记录了每个生产区域的生产总量、剩余量、淘汰率以及所使用的传感器等信息，点击“新增生产区域”即可添加其他生产区域管理信息。

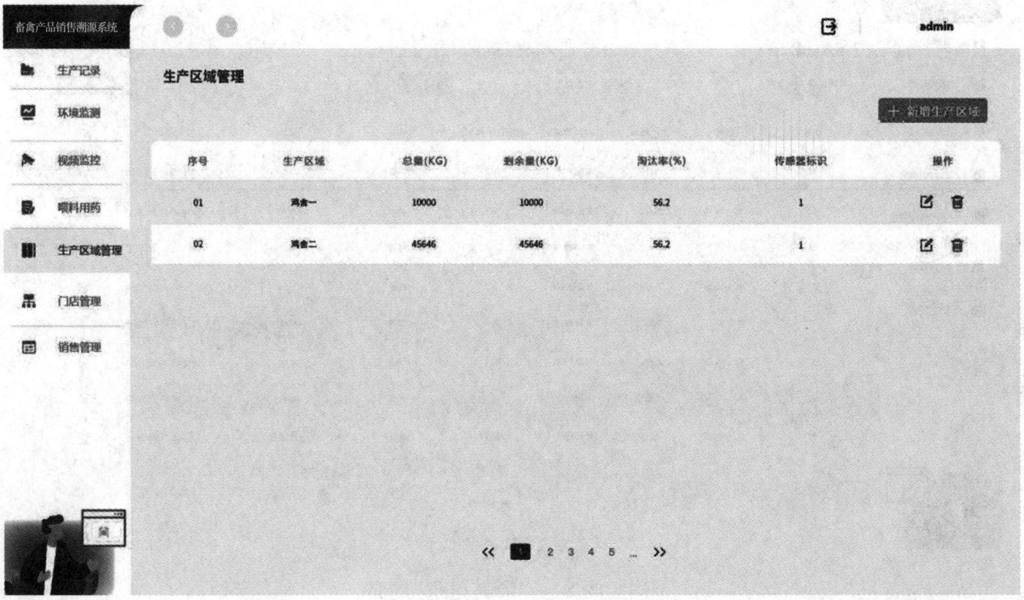

图 10－26　“生产区域管理”界面

“门店管理”界面如图 10－27 所示，门店管理信息包括“门店编号”“门店名称”“门店地址”“销售热线”和“门店负责人”，这些信息均可以修改或删除，点击“新增门店”即可增加其他门店的管理信息。

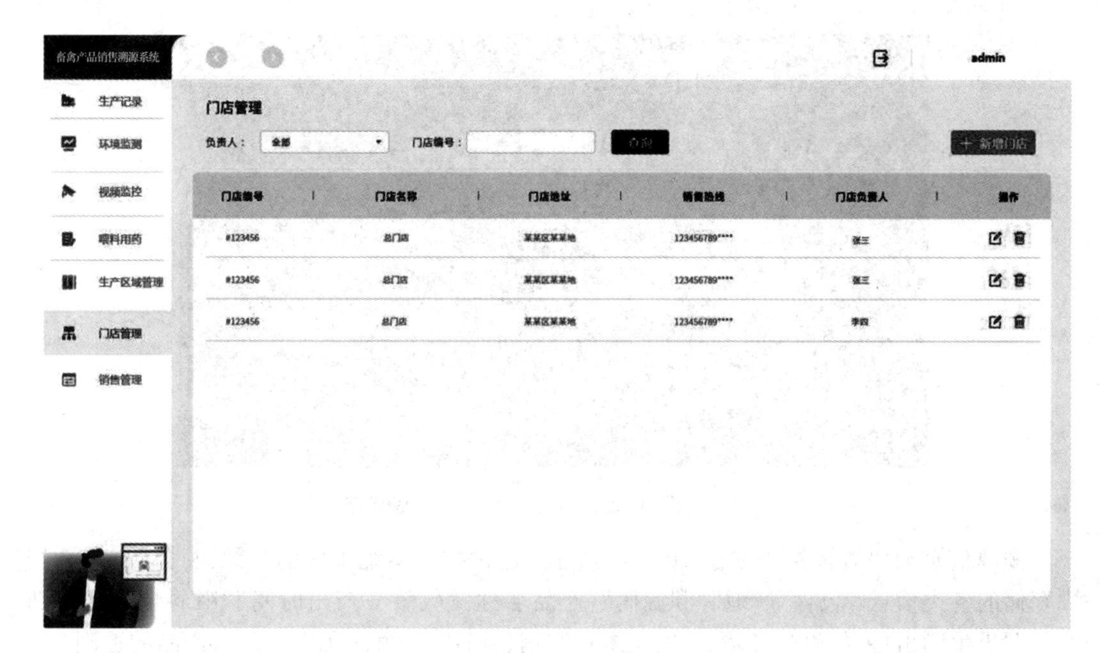

图 10-27 “门店管理”界面

“销售管理”界面如图 10-28 所示，销售管理信息包括“生产记录 ID”“产品名称”“销售时间”“数量”“溯源码”“销售门店”和“二维码”，在“操作”栏可以下载、修改、删除这些信息。用户点击“新建销售”即可增加其他销售管理信息，选择“时间日期”并输入“溯源码”即可查询相关的销售管理信息。

畜禽产品销售溯源系统　admin

生产记录　环境监测　视频监控　喂料用药　生产区域管理　门店管理　销售管理

销售管理

时间日期：全部　溯源码：　查询　新建销售

生产记录ID	产品名称	销售时间	数量	溯源码	销售门店	二维码	操作
123456	火鸡蛋	2021-05-18 23:59:59	445	123456	某某区域店		
789789	火鸡蛋	2021-05-18 23:59:59	789	789534	某某区域店		
100	鸡蛋	2021-05-18 23:59:59	445	123456	某某区域店		
78979	火鸡	2021-05-18 23:59:59	789	789534	某某区域店		
4561	火鸡	2021-05-18 23:59:59	445	123456	某某区域店		
354123	火鸡蛋	2021-05-18 23:59:59	789	789534	某某区域店		
798564	火鸡	2021-05-18 23:59:59	445	123456	某某区域店		
1054	火鸡蛋	2021-05-18 23:59:59	789	789534	某某区域店		

« 1 2 3 4 5 … »

图 10-28 “销售管理”界面

用户在“销售管理”界面点击“新建销售”可以增加销售管理信息，系统会自动生成溯源码和二维码，如图 10-29 所示。

图 10-29 溯源码和二维码自动生成界面

溯源信息扫码查询结果如图 10-30 所示。通过扫描系统生成的二维码可以查看系统内存储的各类信息，包含"产地""溯源码""产品名称""数量""产出时间""喂料情况""用药情况""出生到出售"的生长环境、"生长图片""销售门店"，由此实现对畜禽产品的追溯。

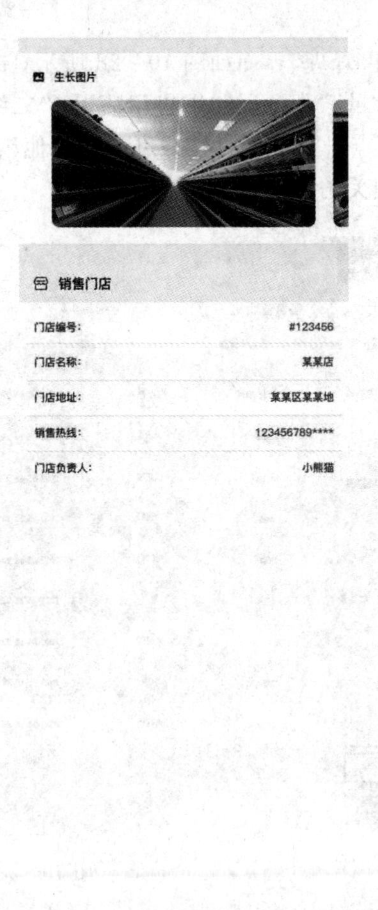

图 10-30 溯源信息扫码查询结果

10.6 区块链+畜禽产品溯源

融合区块链技术建设畜禽产品溯源系统，将使溯源数据的真实性和共享性明显提高。数据分布存储在区块链去中心化的节点中，数据上传、修改等操作需要得到共识机制的认证，所有节点都有义务确保数据的真实性。各节点通过区块链平台进行信息互动，实时共享链上的数据。

10.6.1 基于区块链的畜禽产品溯源系统

畜禽产品溯源系统通常采用联盟区块链形式，节点经过认证后加入联盟区块链，共同管理数据，维护系统正常运行。基于区块链的畜禽产品溯源系统架构如图10-31所示。

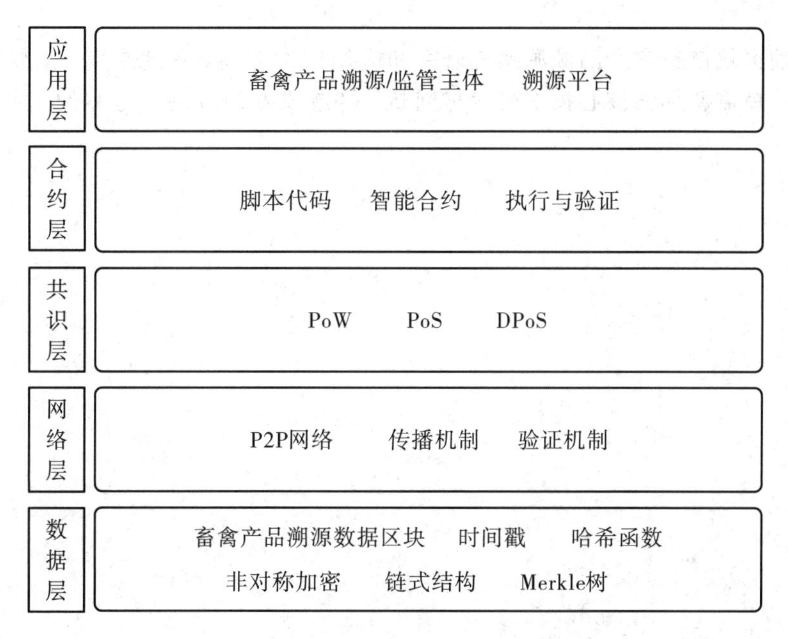

图10-31 基于区块链的畜禽产品溯源系统架构

数据层存储着来自畜禽产品供应链主体的溯源数据，覆盖养殖、运输、屠宰、加工、销售等环节，这些数据通过共识机制认证，遵循链式结构、非对称加密等机制，按照区块链数据格式分布存储在区块中。网络层集合了P2P网络、传播机制、验证机制等要素，为区块链溯源系统的正常运行提供技术支撑。共识层使用PoW、PoS、DPoS等机制，对畜禽产品供应链主体及其溯源数据的有效性进行认证。合约层包含畜禽产品质量安全标准、法规等内容，这些内容以智能合约的形式存在于区块链中，合约的执行过程和结果向所有节点公开。应用层通过溯源平台向畜禽产品溯源/监管主体提供畜禽产品信息查询服务，从而实现畜禽产品溯源功能。

10.6.2 区块链畜禽产品溯源展望

区块链能够弥补畜禽产品溯源系统在数据安全、共享等方面的不足，但现在区块链应用于畜禽产品溯源还处在探索阶段，其发展与区块链技术成熟度及溯源体系的完善度有关。为推动区块链畜禽产品溯源进一步发展，还应解决以下问题：

（1）区块链保障链上的溯源信息不被篡改，但在数据上传至区块链之前，其真实性需得到一定的认证，以免出现造假数据或因物联网设备故障而产生的失真数据，同时也要制定法律法规对区块链畜禽产品溯源应用进行规范。

（2）区块链实际上是数据库系统，系统高效运转对系统容量有较高要求。畜禽产品供应链规模扩大，畜禽产品供应链主体上传、共享溯源数据的需求增加，因此需要扩大区块链容量，提高系统稳定性和数据计算速度，使其与溯源数据处理需求相匹配。

（3）加快畜禽业信息化进程，尤其是要加强农村地区的信息化建设，提升畜禽从业人员对物联网、区块链等技术的接受能力和应用积极性，提高科技知识储备和信息技术应用能力，培养畜禽行业精通信息技术的专业化人才，促进区块链畜禽产品溯源扩大覆盖范围。

（4）目前区块链畜禽产品溯源系统研究和应用成本较高，落地难度大，要想真正推动区块链溯源，就需要加强核心技术研发与创新，打造成熟的应用示范案例，并逐渐降低应用成本。

第 11 章　物联网与畜禽业金融

11.1　畜禽业金融存在的问题

目前我国畜禽业生产布局较为分散，大多数畜禽养殖企业规模较小，畜禽产品出产量少。据数据统计，中国肉类产品消费量总体呈现逐年增长趋势，但我国的畜禽生产并不能完全满足国内市场的需求，一部分仍需依靠进口。以牛肉消费为例，全国牛肉消费量在 2018 年已接近千万吨，但国内全年的牛肉生产量不到 700 万吨，30%左右的牛肉需求只能依靠进口来满足，甚至出现了畜禽和肉品走私现象，屡禁不止。要实现肉类产品的自给自足，势必要扩大生产规模，增加出产量，这首先需要具备充足的资金。牛、羊等畜禽的价格高，中小畜禽企业通常需要向金融机构寻求贷款。

金融机构放贷前需要对畜禽企业进行评估，评估的要素通常包括企业的生产经营现状、财务情况、发展前景、贷款用途、信用风险等，结合评估结果再决定是否给予企业金融支持。但由于缺少信息化技术的支持，未能建立数字化监控与数据管理体系，金融机构往往不能实时获取与畜禽养殖及畜禽产品加工、运输、检验和销售等相关的具体信息，而这些环节通常存在较大的不确定性，数据不能及时共享甚至还可能会被篡改，因而增加了投资风险。再加上以牛、羊等作为抵押物存在监管难、查证难等问题，且放贷额度大、期限长、风险难以把控，因此金融机构投资畜禽企业的积极性并不高，保险公司也不敢轻易承保，最终限制了规模养殖的发展。

11.2　物联网背景下的畜禽业金融发展路径

融合物联网、大数据、云计算、人工智能、区块链等技术发展畜禽业金融，将畜禽业生产经营环节数字化，升级信息采集、信用评估、风险判断模式，有助于提升畜禽业投融资的安全性和便捷性，促进畜禽业金融体系持续稳定地健康发展，具体表现为：

（1）促进产融信息共享。数据是畜禽业金融发展必不可少的资源，利用物联网技术对畜禽企业的生产经营过程实行智能监控，再将所得数据通过区块链技术进行共享，金融机构通过数据分析了解畜禽企业的生产经营状况和融资需求，科学开展投资管理，既能降低金融机构投资的风险，也能提升畜禽企业融资的可能性。

（2）创新贷后管理模式。畜禽企业一般以活体畜禽作为贷款抵押物，物联网、区块链将生物资产转化成数据并进行共享，除了能帮助畜禽企业发现养殖管理过程中的问题，还能辅助金融机构对畜禽抵押物进行跟踪管理，实时了解畜禽的生长情况、出栏期限、市场价值等信息，以采取有效措施防范和控制信贷风险。

（3）加快畜禽业保险发展。畜禽业保险对于降低灾害影响、维护畜禽业生产建设、保障农牧民收入具有重要意义。通过电子围栏、畜禽识别、大数据等技术，保险公司可以监管投保畜禽的管理过程，核实存出栏数量，调查申请赔偿的理由，在准确承保的同时还能防范欺诈性理赔。对于畜禽企业来说，为畜禽资产购买保险能够提高自身信用等级，进而提高融资成功率。

(4) 推进畜禽行业征信体系建设。在物联网、区块链技术较为普遍地应用于畜禽业领域时，可以逐步构建征信管理系统，对畜禽企业的信用信息实行统一管理。就畜禽业金融发展来说，征信管理系统提供了信息查询渠道，便于金融机构掌握企业信用状况，减少投资风险。

11.3 智慧畜禽公共服务平台

智慧畜禽公共服务平台最基本的功能是数据共享，应用物联网和区块链技术向养殖户、金融机构等提供数据服务，从而探寻畜禽业发展的新商业模式，以解决畜禽业融资难、规模化程度低等问题。建设智慧畜禽公共服务平台对畜禽资产进行数字化管理，相当于建立供养殖户、政府、金融机构使用的共享数据库，形成畜禽产业数据资产安全共享机制，为畜禽行业获取资金支持提供服务。

智慧畜禽公共服务平台功能实现的关键在于物联网与区块链的结合应用，即物联网采集信息、区块链存储信息，具体流程如图 11-1 所示。畜禽在进入养殖场前先佩戴 RFID 电子耳标、定位项圈等设备，电子耳标记录畜禽从进入养殖场到离开养殖场的体温、采食量、运动量、检疫防疫等信息，定位项圈对畜禽实行全天候定位。在养殖过程中，利用摄像头采集视频数据，同时运用智能体重秤定期采集畜禽体重信息，综合所采集到的全部数据及图像信息，形成唯一的身份标签，从而监控畜禽的生长情况和健康状况，实时识别畜禽的生死状态。另外，为防止畜禽丢失，使用红外检测传感器等设备设立电子围栏，当畜禽离开围栏范围时，平台会自动报警，并记录报警信息，所以当畜禽需要出栏进入屠宰、加工等后续环节时，需要先在平台上取消其监管状态。

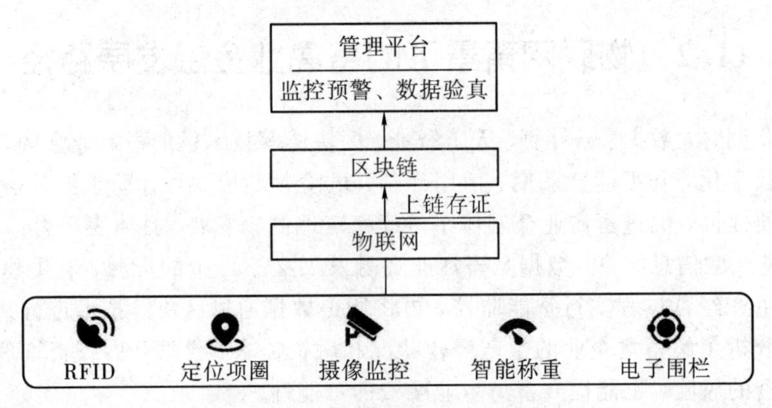

图 11-1 智慧畜禽公共服务平台流程

物联网将与畜禽相关的生物信息转换为数据信息，接着统一上传至区块链，实现对畜禽养殖管理数据的整合和共享。上传至区块链的数据具有数据确权、不可篡改、可以追溯等特点，造假的可能性低，政府、金融机构可通过智慧畜禽公共服务平台查询到畜禽养殖真实可靠的信息，动态评估畜禽资产。

第 12 章　物联网与畜禽业电子商务

12.1　畜禽业电子商务概况

12.1.1　畜禽业电子商务

畜禽业吸纳电子商务运营模式开展商贸活动，于是产生了畜禽业电子商务。畜禽业电子商务并不局限于在线交易，而是涉及整个畜禽行业发展的众多环节，涵盖了畜禽主体信息化建设、电子商务网站开发、畜禽业数据共享、畜禽产品资源管理、畜禽业供应链整合、畜禽业电商物流等内容。

现阶段，电子商务已经被很多畜禽企业纳入业务范围，通过电子商务平台整合畜禽资源，在平台上以文字、图片、视频等形式展示畜禽生产资料以及畜禽产品。与传统的交易方式相比，畜禽业电子商务最突出的地方在于它突破了时空限制，允许随时进行产品展示、交流、交易等活动，无形中增加了成本优势。以传统方式流通的畜禽产品，在离开产品源地辗转于多个批发商后才能到达零售终端，供消费者购买。畜禽产品在层层流通过程中价格也在上涨，消费者除了为畜禽产品本身的价值买单，也要支付不少渠道费用，而通过畜禽业电子商务，消费者可以直接从货源地购入畜禽产品，与线下购买相比，省去了约50％的渠道费用。

畜禽产业的健康发展部分有赖于畜禽产品销售渠道的开拓与创新，畜禽业电子商务为畜禽产业带来了新的发展机遇。当前，畜禽业电子商务具备了良好的发展条件。首先，国家政策加大对电子商务行业的扶持力度，互联网经济管理体制完善进一步规范了在线交易市场，政策支持和体制约束为畜禽业电子商务的健康发展提供了指引和保障。其次，我国大力推动互联网基础设施建设，整体网络覆盖率大幅提升，移动智能软硬件设备以及在线支付等技术的发展为畜禽业电子商务发展提供了稳定的技术支撑，也扩大了电商服务的受众范围。另外，完善的物流体系是畜禽业电子商务发展不可缺少的条件，目前我国的物流体系已基本能够满足畜禽电商发展的需求，同时部分畜禽电商企业也通过自建物流、与线下零售商合作、与第三方物流合作等方式加强物流建设，进一步提升了畜禽产品供应链管理水平和效率。

畜禽业是农业支柱产业，我国畜禽业市场易受疫情等因素影响，总体发展稳定性不足。发展畜禽业电子商务有利于平衡畜禽产品供求关系，推动畜禽产品流通和市场调节，解决产销对接不畅的问题，提升畜禽业发展的稳定性。对畜禽业企业而言，应用电子商务可以将其广告营销、咨询洽谈、交易管理、售后服务等业务转至线上进行，有利于调整生产及营销方式，提高管理效率，优化服务质量。

12.1.2　畜禽业电商模式

未采用电商模式的畜禽产品流通过程包含了批发商、零售商等多种畜禽业经营主体，产品直线流通，容易导致市场信息闭塞、流通成本高等问题。电子商务通过构建畜禽产品流通网络有效缓解了以上问题，衍生出 B2C 模式、C2B/C2F 模式、B2B 模式、O2O 模式这四种不同的畜禽业电商模式，具体介绍如表 12-1 所示。

表 12-1　畜禽业电商模式

畜禽业电商模式	说　明
B2C 模式	即商家到消费者的模式。在这一模式中，畜禽产品供应商等通过电商平台直接向消费者发布畜禽产品信息，上架产品，同时设立咨询端口；消费者选择并确认所需购买的产品后进行线上支付，供应商根据消费者订单安排产品包装与物流配送，并提供售后服务。B2C 模式是现阶段的主流模式，产品销售利润、平台入驻费用等是该模式的主要盈利来源
C2B/C2F 模式	即消费者定制模式。在这种模式下，处于供应链前端的通常是规模化的畜禽产品生产企业，消费者借助电商平台或其他渠道向生产企业表明个性化的消费需求，生产企业据此生产相应数量的产品。该模式的优势在于通过提前定制化生产，降低了企业生产经营的风险与盲目性，可以相对稳定地满足消费者对产品的需求
B2B 模式	即商家到商家的模式。在该模式中，商家到生产户或一级批发市场集中购入畜禽产品，再将这些畜禽产品分发配送给中小畜禽产品经销商。中小畜禽产品经销商的产品采购、运输环节因而变得更为便利，且成本有所降低。该模式的盈利主要来自畜禽产品批发采购产生的差价以及服务费用
O2O 模式	即线上线下相融合的模式。商家在电商平台上发布畜禽产品信息，消费者通过电商平台进行产品线上购买，到实体店提货，或者由商家进行配送。现在已经有很多大型连锁超市、生鲜超市采用该模式，产品售卖利润是其主要的盈利来源

12.1.3　制约畜禽业电子商务发展的主要因素

目前，电子商务整体呈现出良好的发展态势。传统企业纷纷开展电商业务，包括许多畜禽企业也逐渐融入电商，在剖析自身发展特性的基础上选择性地采用 B2C、O2O、B2B 或其他电商模式，更新发展观念与管理方式，拓宽业务范围。然而在实际发展过程中，计划向电商转型或已经开展部分电商业务的畜禽企业，多因难以满足电商发展的基础要求，致使电商业务推进缓慢甚至停滞，主要体现为：

(1) 缺乏电商专业人才。畜禽企业发展电商业务，相关人员不仅需要具备畜禽生产相关的知识，还要掌握电商运营所需的专业技能，包括计算机操作、电商平台管理、市场信息收集与分析、以市场变化为导向制定销售策略等方面的能力，从而提高产品的市场竞争力。大型畜禽电商企业一般通过对负责人员进行专业系统培训、聘请专业人员负责电商运营等方式稳定发展电商业务，但在中小型畜禽生产企业集中的小城镇和农村地区，电商专业知识系统培训滞后，也缺乏专业的电商人才，许多企业为规避电商投资风险仍选择维持传统的经营方式，导致畜禽业电商难以推进。

(2) 信息系统建设不健全。我国畜禽业电子商务经过一段时间发展，总体水平有所提高，但由于畜禽产品信息系统建设规模与水平有所欠缺，各平台之间的信息共享程度低，因此存在较为严重的产销信息流通不畅及信息失真问题，对畜禽产品生产、销售缺乏实际性的指导作用，且阻碍了畜禽产品质量安全监管与追溯。在信息平台建设方面，畜禽企业自建平台所需的建设及推广成本高，即使入驻第三方平台，也存在拓展空间小、入驻费用高等难题。

(3) 冷链运输体系不完善。在众多的畜禽产品中，未经加工的肉类产品对运送周期和储运环境都有更为严格的要求，发展这一类型的电商业务需要建立与之匹配的冷链运输体系。但国内现存的冷链运输体系并不完善，保温车辆、冷库等基础设施严重不足，尚未制定统一的冷链系统技术标准，且缺乏法律法规的支持及政策标准的规范。冷链运输过程中极易产生成本增加、产品变质等问题，不但给商家造成损失，还增加了质量不达标畜禽产品流入市场的可能性，对消费者健康存有潜在威胁，这也是目前畜禽业电商产品种类较为单一的原因，电商平台上销售的多是兽药、饲料等运输储存较为方便的畜禽产品。

(4) 消费者对电商产品的信任度不高。畜禽业电商在一定程度上解决了传统流通模式中信息不对称的问题，消费者通过电商平台可以了解畜禽产品的来源、保质期、质量等方面的基本信息，但这些了解仅限于文字描述、图片和视频展示，消费者无法接触真实产品，难以验证产品质量信息的真实性，所以在购买前会有疑虑。再加上我国畜禽产品质量安全追溯体系及认证体系不够完善，这也在一定程度上加深了消费者对电商平台上畜禽产品的不信任程度。

12.2 物联网在畜禽业电子商务中的应用

在畜禽业电商中融入物联网，可以发展以大数据分析为基础的精准营销，促进畜禽产品推广与销售。商家通过物联网电商平台打造信息化、标准化的电商品牌，促进优质畜禽产品走高端发展路线，提升经济效益，利用传感器、RFID、二维码等技术，结合数据资源和质量追溯平台对畜禽产业实行透明化管理。消费者从电商平台购买畜禽产品后可以查询畜禽产品生产、流通、支付、配送等环节的信息，当发现问题时可以准确追究责任。随着物联网在畜禽业电子商务中的应用逐渐深入，畜禽业电子商务体制也将逐步完善，进一步激发畜禽业电商的活力，驱动畜禽业电商产业快速发展。

12.2.1 物联网电子商务系统

物联网电子商务系统由资源层、服务层和应用层构成，如图 12-1 所示。资源层为电子商务系统运行提供软件和硬件支撑。服务层包含数据管理平台、基础开发平台和公共核心构件。数据管理平台对元数据、数据交换、数据安全等进行管理；基础开发平台涉及电商运营相关的报表、物流、客服等平台；公共核心构件提供实现数据访问、身份认证、第三方支付等功能的接口。应用层是支撑电商业务的物联网系统集合，其中电商系统作为平台

的运营支撑，对商品、订单、会员等实行统一管理；活动平台用于产品营销，主要包含一些社交媒体和网络平台；畜禽产品溯源系统中存储着畜禽产品生产经营各个环节的溯源信息；ERP 管理系统对畜禽电商企业的生产、仓储、物流、销售等环节实行管理，覆盖了企业的整条产业链。

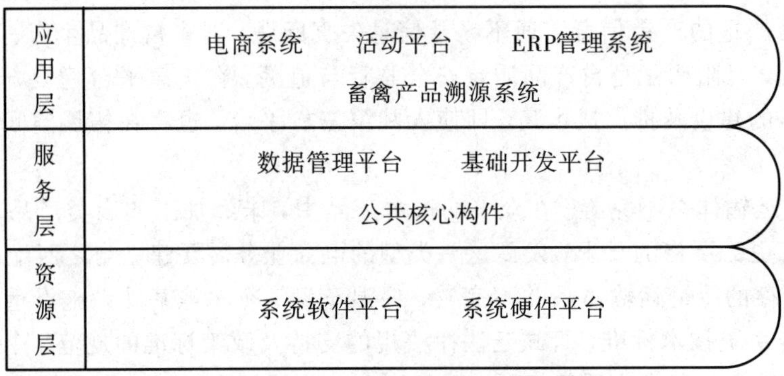

应用层	电商系统　活动平台　ERP管理系统 畜禽产品溯源系统
服务层	数据管理平台　基础开发平台 公共核心构件
资源层	系统软件平台　系统硬件平台

图 12－1　物联网电子商务系统总体架构

畜禽企业建设物联网电子商务系统不仅能用于畜禽产品销售，也能对畜禽产品物流配送、畜禽产品质量安全实行管理，基于大数据整合分析了解市场需求，畜禽企业还可以据此调整生产经营策略。具体来说，可以分为以下几个方面：

(1) 销售管理。供需双方信息对称是畜禽产品销售的重要前提，这也有助于解决供需矛盾，维护畜禽业稳定发展。建设物联网电子商务平台用于畜禽产品远程销售，一方面拓宽了畜禽产品销售渠道，另一方面也有利于了解实际的市场需求，由需求量确定生产量，避免畜禽企业因过度生产造成畜禽产品滞销，或者因生产不足导致供不应求。借助物联网电子商务系统提供的营销、物流、支付等服务，畜禽企业还可以开展畜禽产品个性化预购活动，基于数据信息分析市场情况后再进行畜禽产品定价，提高销售利润。另外，物联网能够让畜禽产品库存管理更加高效，通过物联网监控畜禽产品出入库情况，跟踪畜禽产品销售情况，预计库存畜禽产品的销售天数，当发现畜禽产品库存量不足时及时预警。

(2) 物流管理。物联网电子商务系统优化了电商平台与物流的结合形式，使电商物流日益完善，呈现出智能化、自动化、可视化的特点。仓储管理是物流管理中极为重要的一个环节，给畜禽产品附上 RFID 标签，记录与畜禽产品入库、出库、分拣、计量等有关的信息，实现对畜禽产品的自动感知、定位、追踪和管理，从而提高物流配送的质量和效率，降低人工成本。在畜禽产品 RFID 标签内写入产品电子代码(Electronic Product Code, EPC)，在畜禽产品配送过程中，配送员通过 RFID 读写器读取标签内的代码信息发送至配送中心，消费者即可随时随地查询到物流信息。运输畜禽产品时用传感器监测畜禽产品所处的环境，预防畜禽产品变质；应用 GPS、视频监控、远距离无线传输技术等将配送车辆的位置、移动路线等信息发送至电商系统，方便企业了解畜禽产品运输的实际情况。在畜禽产品交付环节使用手持终端记录相关操作，将交付流程反馈至物流系统进行统计和分析，这不仅有利于高效开展物流管理，还可以提高消费者对电商物流的认可程度。

(3) 畜禽产品质量安全溯源。通过物联网电商系统共享畜禽产品溯源系统中包含的数据、图片、视频等信息，使畜禽产品信息透明化，畜禽电商企业对畜禽产品质量进行严格把控，消费者了解畜禽产品的质量情况后再做出选择，解决了信息不对称的问题，防止消费者受虚假广告误导，也有利于进一步推动物联网电子商务的发展。

(4) 消费数据采集分析。物联网电子商务系统自动记录消费者的畜禽产品挑选、购买信息，通过对海量数据进行整合分析了解消费者对畜禽产品的购买意向，从而可使畜禽电商企业有重点地开展畜禽产品营销推广，为不同需求的消费者提供差异化服务。物联网电商系统还可以根据搜索、浏览、消费数据为消费者匹配、推送同类型的畜禽产品，节省产品搜寻时间，提高购买效率。

12.2.2　物联网电子商务系统平台

物联网电子商务系统平台是畜禽电商企业实行电商活动管理的应用平台，图 12-2 所示为物联网电子商务系统平台首页。

图 12-2　物联网电子商务系统平台首页

在物联网电子商务平台首页点击“管理后台”进入畜禽产品销售管理系统，其中“畜禽产品销售管理系统”首页界面如图 12-3 所示。用户可以选择按年、按月或按日查看具体产品的销售额、销售额排名以及销售总量，也可以查看不同季度或不同月份的畜禽产品销售总量占比。当所剩畜禽产品库存量不足 10 件时，系统会自动报警，平台上会显示详细的库存报警信息，提醒用户根据实际情况进行库存管理。

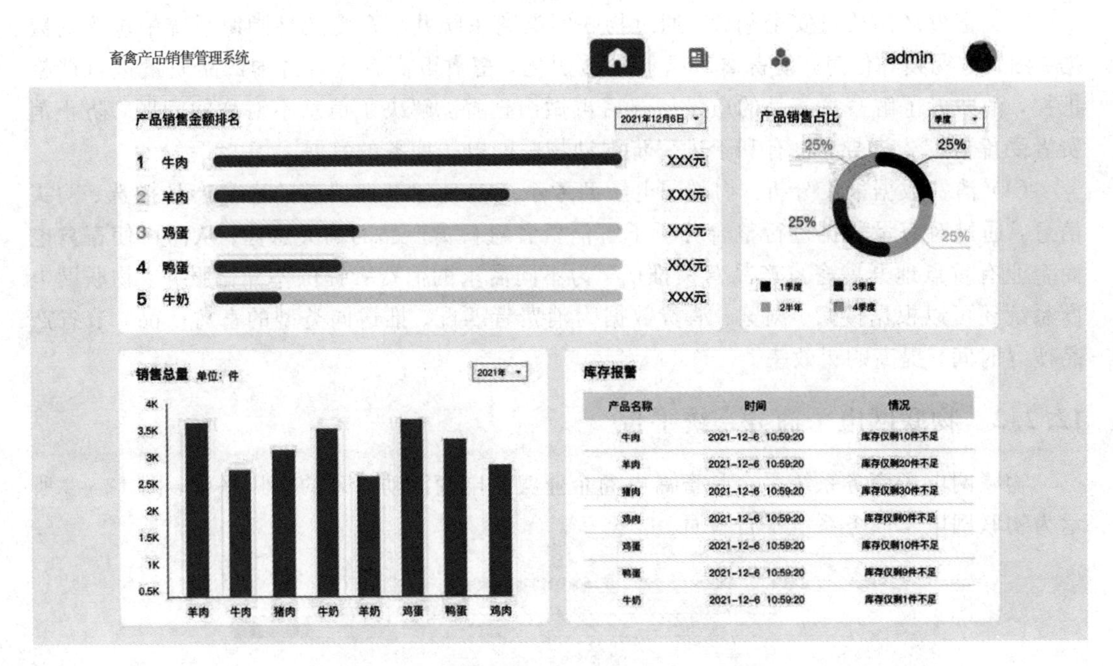

图 12-3 “畜禽产品销售管理系统”首页界面

点击图 12-3 中的▣即可出现“库存管理”界面，其中图 12-4 所示为“入库管理”界面，点击“增加库存”可以录入畜禽产品的最新入库信息，畜禽产品的“当前库存量”和“库存增加记录”都可以在平台上实时显示。

畜禽产品销售管理系统 admin

入库管理 出库管理 ＋ 增加库存

当前库存量

牛肉 XXX件 羊肉 XXX件 猪肉 XXX件 鸡肉 XXX件 鸡蛋 XXX件

鸡蛋 XXX件 鸭蛋 XXX件 牛奶 XXX件 羊奶 XXX件 鲜奶 XXX件

库存增加记录

产品名称	数量	时间
牛肉	XXXXX件	2021-12-6 10:59:20
羊肉	XXXXX件	2021-12-6 10:59:20
鸭蛋	XXXXX件	2021-12-6 10:59:20
鸡蛋	XXXXX件	2021-12-6 10:59:20

« 1 2 3 4 5 … »

图 12-4 “入库管理”界面

“出库管理”界面如图 12-5 所示，点击“出库登记”可以录入最新的出库信息，出库信息包括“产品名称”“出库数量”“发货地”和“发货时间”。

畜禽产品销售管理系统　　admin

入库管理　出库管理　＋ 出库登记

出库信息

产品名称	出库数量	发货地	发货时间
牛肉	XXXXX件	XXXXXXXX	2021-12-6 10:59:20
羊肉	XXXXX件	XXXXXXXX	2021-12-6 10:59:20
鸭蛋	XXXXX件	XXXXXXXX	2021-12-6 10:59:20
鸡蛋	XXXXX件	XXXXXXXX	2021-12-6 10:59:20

« 1 2 3 4 5 … »

图 12 - 5　“出库管理”界面

点击▣即可出现图 12 - 6 所示的上架管理界面，用户可以查看每一类畜禽产品上架后的“浏览数据”“加购数据”及“收藏数据”，点击“产品上架”即可在平台上架产品，发布“产品封面图片”“产品名称”“产品描述文字”“单价”“溯源二维码”“产品参数”等信息，在“操作”栏可以对产品商家信息进行修改或删除。

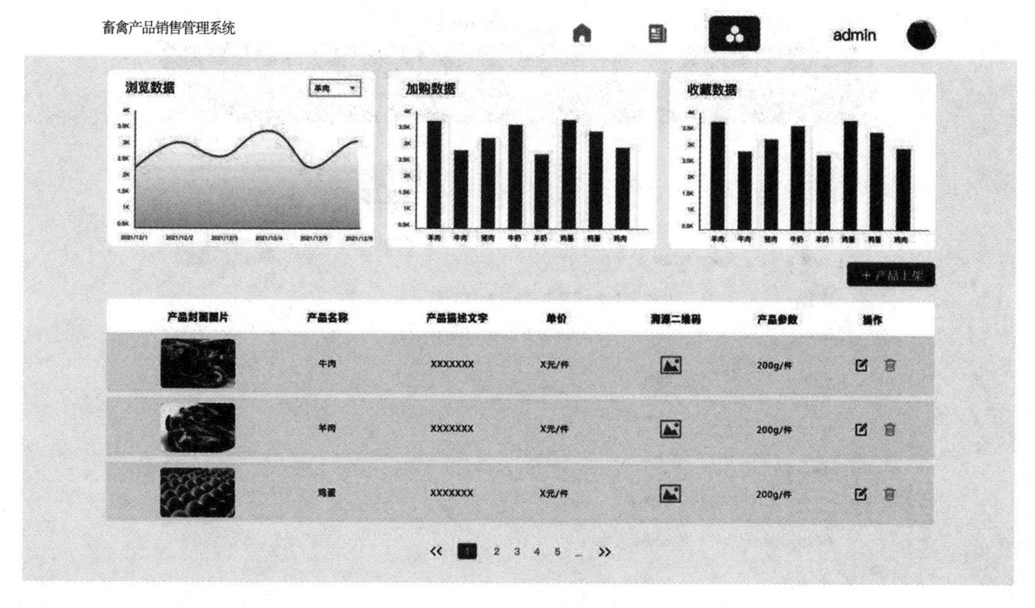

图 12 - 6　上架管理界面

点击首页的“溯源管理”，进入“溯源管理”界面，如图 12 - 7 所示，用户可以上传畜禽产品的生产加工信息，系统自动生成溯源码，消费者购买畜禽产品时可通过扫码获取畜禽产品溯源信息。

管理后台 溯源管理 物流查询 物联网电子商务平台 admin

溯源管理

＋ 新建溯源

溯源管理

生产加工信息	产品名称	数量	提交时间	溯源码	溯源二维码	操作
添加	牛肉	XXXXX	2021-05-18 10:21:45	XXXXX		
添加	羊肉	XXXXX	2021-12-06 08:40:50	XXXXX		
添加	猪肉	XXXXX	2021-11-18 21:30:21	XXXXX		

« 1 2 3 4 5 ... »

图 12－7 “溯源管理”界面

点击首页的“物流查询”可以进入“物流查询”界面，如图 12－8 所示，用户可以查看产品寄出的物流进度，实时追踪产品寄送情况。

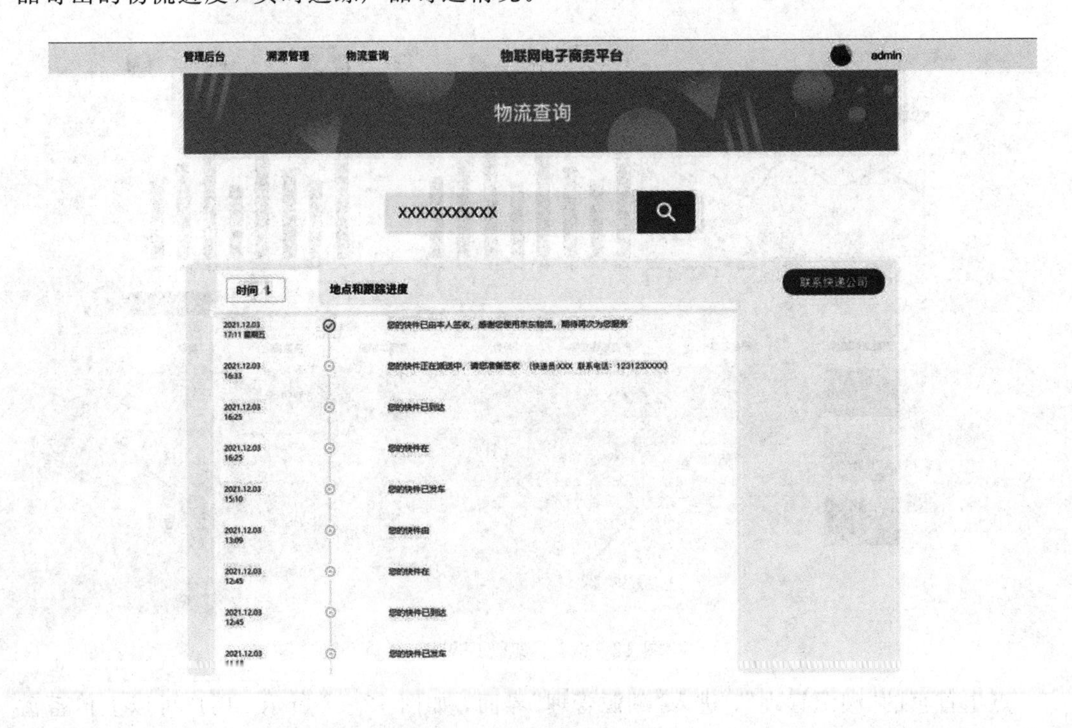

图 12－8 “物流查询”界面

附录 与畜禽物联网相关的缩略语

缩略语	英 文 全 称
IoT	Internet of Things
RFID	Radio Frequency Identification
GPS	Global Positioning System
RS	Remote Sensing
4G	4th Generation Mobile Communication Technology
5G	5th Generation Mobile Communication Technology
WLAN	Wireless Local Area Network
ICAR	International Committee for Animal Recording
IC	Integrated Circuit
CPU	Central Processing Unit
DDoS	Distributed Denial of Service
MAC	Message Authentication Code
OTAP	Over The Air Programming
TMR	Total Mixed Rations
EMC	Electronic Magnetic Compatibility
MEMS	Micro-Electro-Mechanical System
WSN	Wireless Sensor Networks
BDS	BeiDou Navigation Satellite System
GLONASS	Global Navigation Satellite System
GEO	Geostationary Earth Orbit
IGSO	Inclined Geo Synchronous Orbit
MEO	Medium Earth Orbit
SMS	Short message Communications
SAR	Search And Rescue
SBAS	Satellite-Based Augmentation System
PPP	Precise Point Positioning
GBAS	Ground Based Augmentation System
PMP	Point to Multi-Point

续表一

缩略语	英 文 全 称
CPE	Customer Premise Equipment
IP	Internet Protocol
AP	Access Point
AC	Access Controller
CSS	Chirp Spread Spectrum
BSS	Basic Service Set
DS	Distribution System
ESS	Extended Service Set
OFDM	Orthogonal Frequency Division Multiplexing
MIMO	Multiple Input Multiple Output
SDR	Software Defined Radio
VR	Virtual Reality
LTE	Long Term Evolution
UE	User Equipment
GB	GigaByte
TB	TrillionByte
PB	PetaByte
EB	ExaByte
ZB	ZettaByte
IaaS	Infrastructure as a Service
AWS	Amazon Web Services
PaaS	Platform as a Service
SaaS	Software as a Service
EC	Edge Computing
PoW	Proof of Work
PoS	Proof of Stake
DPoS	Delegated Proof of Stake
AI	Artificial Intelligence
ES	Expert System
ANN	Artificial Neural Network
BP	Back Propagation
RBF	Radia Basis Function
SOFM	Self-Organizing Feature Mapping
GIS	Geographic Information System

续表二

缩略语	英 文 全 称
SQL	Structured Query Language
B/S	Browser/Server
APP	Application
PLC	Programmable Logic Controller
PC	Personal Computer
PLF	Precision Livestock Farming
TSP	Total Suspended Particulate
XML	Extensible Markup Language
B2C	Business to Customer
C2B	Customer to Business
C2F	Customer to Farmer
B2B	Business to Business
O2O	Online to Offline
ERP	Enterprise Resource Planning
EPC	Electronic Product Code

参 考 文 献

[1] 李道亮. 农业物联网导论[M]. 北京：科学出版社，2012.

[2] 国家物联网基础标准工作组. 物联网标准化白皮书[R/OL]. (2016-01-18)[2021-5-23]. http://www.cesi.cn/201612/1694.html.

[3] FAO，ITU. E-Agriculture Strategy Guide：Piloted In Asia-Pacific Countries[M]. FAO and ITU，2016.

[4] FAO，ITU. E-agriculture Strategy-Working Group Exercise[R]. FAO and ITU，2016.

[5] 汪先峰. 物联网与环境监管实践[M]. 北京：中国环境科学出版社，2015.

[6] 尹武，赵辰，张晋娜. 农业种植养殖传感器产业发展分析[J]. 现代农业科技，2020(2)：253-254.

[7] YIN W，HE C Y. New Agricultural Internet of things sensor equipment multi-functional Raman Sensor Equipment[J]. Agriculture Science：An International Journal，2019，2(1)：1-8.

[8] 尹武，张晋娜. 物联网智慧养猪解决方案[J]. 中国猪业，2015，10(114)：18-20.

[9] 刘胜荣，于军琪. 基于超宽带技术的无线传感网络[J]. 传感器世界，2006(5)：4.

[10] 吕辉，曾志辉. 无线传感网络研究与应用[M]. 北京：地质出版社，2018.

[11] 廉师友. 人工智能技术导论[M]. 3版. 西安：西安电子科技大学出版社，2007.

[12] 陶皖. 云计算与大数据[M]. 西安：西安电子科技大学出版社，2017.

[13] 熊健，刘乔. 区块链技术原理及应用[M]. 合肥：合肥工业大学出版社，2018.

[14] 连席. 区块链研究报告从信任机器到产业浪潮还有多远[J]. 发展研究，2018(8)：18-31.

[15] 李晓辉，刘晋东，李丹涛，等. 从LTE到5G移动通信系统：技术原理及LabVIEW实现[M]. 北京：清华大学出版社，2019.

[16] 中国信息通信研究院，IMT-2020(5G)推进组. 5G安全报告[R/OL]. (2020-02-04)[2021-6-03]. http://www.caict.ac.cn/kxyj/qwfb/bps/202002/t20200204_274118.htm.

[17] 中国电子技术标准化研究院. 物联网面向畜牧肉食追溯系统的总体要求(草案)[R]. 中国电子技术标准化研究院，2020.

[18] SYLVESTER G. Success stories on Information and Communication Technologies for Agriculture and Rural Development[M]. RAP Publication，2015.

[19] SYLVESTER G. Information and communication technologies for sustainable agriculture：Indicators from Asia and the Pacific[M]. RAP Publication，2013.

[20] 中国卫星导航系统管理办公室. 北斗卫星导航系统[DB/OL]. (2021-03-10)[2021-03-11]. http://www.beidou.gov.cn/.

[21] 李梅，范东琦，任新成，等. 物联网科技导论[M]. 北京：北京邮电大学出版社，2015.

[22] 杨震. 物联网的技术体系[M]. 北京：北京邮电大学出版社，2013.

[23] 刘佳玲. 射频识别技术理论与实践应用[M]. 青岛：中国海洋大学出版社，2018.

[24] 中国物品编码中心. 二维条码技术与应用[M]. 北京：中国计量出版社，2007.

[25] 王冬梅. 遥感技术应用[M]. 武汉：武汉大学出版社，2019.

[26] 郭庆春. 人工神经网络应用研究[M]. 吉林：吉林大学出版社，2016.
[27] 史春建，邱白晶，刘保玲. 动态图像处理技术在农业工程中的应用[J]. 中国农机化，2004(2)：29－32.
[28] 阮秋琦. 数字图像处理学[M]. 北京：电子工业出版社，2001.
[29] 国务院. 中华人民共和国食品安全法实施条例：国令第721号[A/OL]. (2019－3－26)[2021－7－26]. http://www.gov.cn/zhengce/content/2019－10/31/content_5447142.htm.
[30] 中国物品编码中心. 国家食品安全追溯平台[DB/OL]. (2020－01－03)[2021－6－26]. http://www.chinatrace.org/.
[31] 张春玲. 区块链溯源应用白皮书[R]. 赛迪区块链研究院，2019.
[32] 黎勇，徐元根，王军. 物联网安全框架与风险评估研究[J]. 电子测试，2015(19)：81－84.
[33] 王世雄，廖冰. 现代畜牧兽医科技发展与应用研究[M]. 长春：吉林科学技术出版社，2018.
[34] 刘国萍，杨明川，周路. 智慧畜牧服务及关键技术研究[J]. 电信网技术，2018(5)：38－42.
[35] 顾玲艳，李鹏，许永斌. 畜牧业互联网＋战略实施现状与建议[J]. 中国畜牧杂志，2015，51(22)：15－19.
[36] 熊本海，杨亮，郑姗姗. 我国畜牧业信息化与智能装备技术应用研究进展[J]. 中国农业信息，2018，30(1)：17－34.
[37] Farmex. http://farmex.co.uk/about/[DB/OL]. [2021－5－16].
[38] Farmex. Innovative Solutions for Agricultural Monitoring and Control[EB/OL]. [2021－5－18]. http://www.dicam.co.uk/.
[39] 陆蓉，胡肄农，黄小国，等. 智能化畜禽养殖场人工智能技术的应用与展望[J]. 天津农业科学，2018，24(7)：34－40.
[40] 李素霞，刘双，王书秀. 畜禽养殖及粪污资源化利用技术[M]. 石家庄：河北科学技术出版社，2017.
[41] 李伟前，孙志强. 畜牧业创新经营模式[M]. 北京：中国社会出版社，2006.
[42] 席磊，武书彦，朱坤华. 现代畜牧业信息化关键技术[M]. 郑州：中原农民出版社，2016.
[43] 胥义，王欣，曹慧. 食品安全管理及信息化实践[M]. 上海：华东理工大学出版社，2017.
[44] 刘强德. 草食畜牧业的现状及智能化进程[J]. 畜牧产业，2020(8)：36－46.
[45] 黄胜海，陆昌华. 畜牧业信息化的基石：信息标准化[A]//中国畜牧兽医学会信息技术分会. 中国畜牧兽医学会信息技术分会第十届学术研讨会论文集. 中国畜牧兽医学会信息技术分会：中国畜牧兽医学会，2015：5.
[46] 王晓力，周学辉. 现代畜牧业高效养殖技术[M]. 兰州：甘肃科学技术出版社，2016.
[47] 商务部办公厅. 商务部等8单位关于开展全国供应链创新与应用示范创建工作的通知：商流通函[2021]113号[A/OL]. (2021－03－30)[2021－05－02]. http://www.mofcom.gov.cn/article/h/redht/202103/20210303048808.shtml.

[48] 国务院办公厅. 国务院办公厅关于促进畜牧业高质量发展的意见：国办发[2020]31号[A/OL].（2020 - 09 - 27）[2021 - 04 - 02]. http://www.gov.cn/zhengce/content/2020-09/27/content_5547612.htm.

[49] ICA 联盟. 中国农牧家禽行业智慧养殖白皮书[R/OL].（2018 - 08 - 27）[2021 - 4 - 25]. http://www.199it.com/archives/764332.html.

[50] 张汀. 畜牧互联网应用实战[M]. 郑州：郑州大学出版社，2016.

[51] 刘忠超. 物联网和机器视觉在奶牛精准养殖中的研究及应用[M]. 北京：化学工业出版社，2019.

[52] 常丽，张志金. 浅谈畜牧业大数据与产业发展[J]. 中国畜牧兽医文摘，2015,31(11)：7+13.

[53] 边缘计算产业联盟(ECC)，工业互联网产业联盟(AII). 边缘计算参考架构 3.0[R/OL].（2018 - 11 - 29）[2021 - 04 - 10]. http://www.ecconsortium.org/Lists/show/id/334.html.

[54] 楚俊生，张博山，林兆骥. 边缘计算在物联网领域的应用及展望[J]. 信息通信技术，2018(5)：33 - 41.

[55] 叶惠卿. 基于边缘计算的农业物联网系统的研究[J]. 无线互联科技，2019,16(10)：30 - 32.

[56] 涂同明. 畜牧业电子商务[M]. 武汉：湖北科学技术出版社，2011.

[57] 张宏敏. 新一代物联网在电子商务中的应用初探[J]. 科技经济市场，2020(3)：152 - 153.

[58] 谢秋波，孟祥宝，黄家怿，等. 基于云计算的现代畜牧业营销管理信息系统[J]. 现代农业装备，2014(3)：67 - 73.

[59] 吴敬花，邓群仙，吕秀兰. 基于物联网技术的农产品电子商务策略研究[J]. 电子商务，2016(1)：26 - 27.

[60] 鄢喜爱，杨金民，常卫东. 基于散列函数的消息认证分析[J]. 计算机工程与设计，2009,30(12):2886 - 2888.

[61] ASIKAINEN M，HAATAJA K，TOIVANEN P. Wireless indoor tracking of livestock for behavioral analysis [J/OL]. International Wireless Communications and Mobile Computing Conference(IWCMC)，2013：1833 - 1838(2013 - 08 - 22)[2021 - 09 - 26]. https://ieeexplore.ieee.org/document/6583835/citations#citations. DOI：10.1109/IWCMC.2013.6583835.

[62] FAO and ZJU. Digital agriculture report：Rural e-commerce development experience from China. Rome. 2021. https://doi.org/10.4060/cb4960en.

[63] 云辉牧联. http://www.yunhuimulian.com.[DB/OL].[2021 - 11 - 13].

[64] 上海广拓. http://www.gato.com.cn/.[DB/OL].[2021 - 11 - 18].

[65] 肖德琴，刘勤，陈丽，等. 设施猪场生猪体温红外巡检系统设计与实验[J]. 农业机械学报，2019,50(07). 194 - 200.